姜花属：种和品种图鉴

Hedychium: Photographic Description of Species and Cultivars

胡 秀 主编

SPM 南方出版传媒

广东科技出版社 | 全国优秀出版社

·广 州·

图书在版编目（CIP）数据

姜花属：种和品种图鉴/胡秀主编. —广州：广东科技出版社，2021.12
ISBN 978-7-5359-7688-8

Ⅰ．①姜… Ⅱ．①胡… Ⅲ．①姜—花卉—图集 Ⅳ．①S632.5-64

中国版本图书馆 CIP 数据核字（2021）第 137912 号

姜花属：种和品种图鉴
Jianghuashu: Zhong he Pinzhong Tujian

出 版 人：严奉强
责任编辑：区燕宜 于 焦
封面设计：柳国雄
责任校对：高锡全
责任印制：彭海波
出版发行：广东科技出版社
　　　　　（广州市环市东路水荫路 11 号 邮政编码：510075）
销售热线：020-37607413
http://www.gdstp.com.cn
E-mail: gdkjbw@nfcb.com.cn
经　　销：广东新华发行集团股份有限公司
印　　刷：广州市彩源印刷有限公司
　　　　　（广州市黄埔区百合三路 8 号 201 房 邮政编码：510700）
规　　格：787mm×1 092mm 1/16 印张 15.5 字数 310 千
版　　次：2021 年 12 月第 1 版
　　　　　2021 年 12 月第 1 次印刷
定　　价：198.00 元

《姜花属：种和品种图鉴》编委会

主编单位：仲恺农业工程学院

广州建筑园林股份有限公司

主　　编：胡　秀（仲恺农业工程学院）

副 主 编：陈士壬（广州建筑园林股份有限公司）

王　俊（仲恺农业工程学院）

编写人员：牟凤娟（西南林业大学）

汤　聪（广州建筑园林股份有限公司）

吴福川（中国科学院西双版纳热带植物园）

谢继红（广东省林业科学研究院）

付晓玲（广东省林业科学研究院）

叶育石（中国科学院华南植物园）

内容简介

　　姜花属（姜科）植物花形奇特，香气怡人，色彩艳丽，不仅具有很高的观赏价值，还具有抗菌消炎、抗癌、保肝、治疗糖尿病等功能，具有很高的药用价值。目前，国内外对姜花属种和品种的描述多仅有文字，或虽有花序图但缺少解剖图，无法直观地展现关键的识别特征。基于对姜花属种和品种的文献、标本、活体的研究及新品种选育实践，本书以花部解剖图为依据，主要从观赏园艺的角度，以图文对照的形式对姜花属种和品种的关键识别特征进行了描述。本书不仅包括了国内分布的绝大部分种及育成的品种，还收录了国外分布的部分种及育成的品种。为提高该属植物在园林中应用的便利性，本书基于 GIS 和 MaxEnt 生态学模型对国产代表性野生种的园林应用气候适宜性范围进行了区划。本书也对姜花属植物的种苗繁殖及关键栽培技术进行了介绍。此外，本书还介绍了该属植物的多样化应用形式、在活性成分方面的应用前景，以及在纯花茶和窨制茶加工方面的潜在价值。本书对姜花属种和品种的识别和鉴定，以及栽培和应用具有重要的参考价值，适合园艺园林、药学相关专业的科研人员、大专院校的师生、行业从业者阅读和参考。

前　言

　　姜花属植物多大型，具有大而长的叶，顶生花序，花形、花色和香气各异，常作切花用，在园林中具有良好的应用前景。姜花属中的（白）姜花是世界上少有的集美感与香气于一身的花卉，为我国华南地区的特色切花。随着对姜花属植物活性成分及其功能的研究，该属植物在抗菌消炎、抗癌、保肝、治疗糖尿病等方面的作用逐渐受到重视。姜花属世界有50～80个种、130个品种，我国有33个种、9个品种。目前，国内外尚无较为完整的姜花属的种和品种图鉴，现有著作多以文字描述为主，少数配有花序图。因缺少直观展现关键识别特征的解剖图，读者难以依据这些著作进行种和品种的识别和鉴定，这为新品种的登记、登录、评定和审定带来不便。此外，基于错误鉴定的种和品种育成的新种质在流通时会加剧这种错误，使整个育种体系混乱不堪，进而阻碍对姜花属植物的开发利用。

　　本书对国内种和品种的形态观测来自作者自2006年博士入学以来开展的国产姜花属植物分类学研究和新品种选育实践。2016年育成的'渐变'姜花通过广东省农作物品种审定委员会的审定，登记为新品种，成为国内第一个官方正式登记的姜花属新品种。后来陆续育成周年开花的切花品种——'寒月'姜花，以及适宜园林应用品种——'荣耀'姜花和'华瑶'姜花。在这个过程中，我们基于对种的分类学研究，逐渐建立起品种描述和分类的基本框架。书中对国外种和品种的形态观测，主要来自作者在英国爱丁堡皇家植物园开展姜花属分类学研究期间（2018—2019年）对位于英国、法国、德国的姜花品种活体收藏机构的访问。形态观测以拍摄包含解剖照在内的电子标本为特点，并对其中过于相近的品种进行了比较研究。

　　本书中种的部分不是对分类问题的专门研究，但种的鉴定是基于分类学修订研究结果而做出的。在种的部分，首先以方便识别为目的，编制了国产姜花属植物的分种检索表，再分种进行图文对照的关键形态描述。在品种部分，由于大多数品种的亲本无法考证，因而按品种名的字母顺序分品种描述，再对近似的品种进行对比区别。本书提供了可供比对的种和品种的鉴定图鉴，将有助于种和品种的识别和鉴定。分布或育成于国外的种或品种具有明显区别于国内分布种的性状，如矮化、周年开花等，是珍贵的种质资源，本书的介绍将有助于提高国内育种者对这些种和品种的认知，从而有效拓宽国内姜花属植物的育种亲本，促进我国姜花属植物育种的发展。

目　录

第一章
姜花属植物的价值

姜花属（*Hedychium*）为姜科多年生地生或附生植物，丛生，具块状根茎。世界上有50～80种（Wu et al.，2000；Wongsuwan et al.，2011；Jain et al.，1995；Sirirugsa et al.，1995），广泛分布于亚洲的热带和亚热带地区。我国有33种3个变种（Wu et al.，2000；Hu et al.，2010a；Hu et al.，2010b；Picheansoonthon et al.，2013；Ding et al.，2018；Hu et al.，2018；Bai et al.，2021），产于西南部至南部，主要用作观赏、药用和食用。

一、观赏

姜花属植物地上带叶的茎直立，叶片大型，长圆形或披针形，穗状花序大、顶生，小花呈白色、黄色、橙色、红色及一系列组合色，香型丰富，香气或浓或淡，蒴果球形、黄色，果瓣内面鲜红色，茎、叶、花、果均具有较强的观赏性，适宜用作切花（图1-1至图1-6）、园林配置（图1-7至图1-11）、盆栽（图1-12）。种子多，新鲜时红色或黑色，被撕裂状假种皮或多汁、囊状假种皮，还是优良的引鸟植物。

图1-1　切花应用（白姜花 *H. coronarium*）

白姜花（*H. coronarium*）花大而洁白，香气浓郁，花形似蝴蝶翩翩起舞，深受人们的喜爱，作为切花，在姜花属中具有难以撼动的地位，但在园林中却很少应用。白姜花的花色为纯白色，在较大的园林空间内视觉效果不显著。此外，白姜花是一种需肥量较大的植物，在园林栽培中常常较少施肥，会导致其叶茎瘦弱、易倒伏，花序小、观赏性低。相反，姜花属的一些小花的种类，如思茅姜花、红姜花，由于花序大、苞片排列整齐，适应性强，即使不施肥仍能保持较好的观赏性，非常适合园林栽培。但目前由于人们对这些种和品种了解较少，市场上也缺乏种苗供应，因而应用较少。

图1-2　切花应用（带叶插'光辉'姜花*H.* 'Guanghui'和'荣耀'姜花*H.* 'Rongyao'）

图1-3 切花应用（中型插花，带叶插）

图1-4　切花应用（小型插花，赏小花姿态）

图1-5　切花应用（微型插花，赏花瓣纹理）　　　　图1-6　切花应用（微型插花，赏小花姿态）

图1-7　园林应用（*H. gardnerianum*）

图1-8　园林应用（*H. gardnerianum*，温室栽培）

图1-9　园林应用（滇姜花*H. yunnanense*）

图1-10 园林应用（红姜花*H. coccineum*）

图1-11 园林应用（红姜花*H. coccineum*和无丝姜花*H. wardii*）

图 1-12　盆栽（白姜花 *H. coronarium*）

二、药用

白姜花（*H. coronarium*）的根茎具有除风散寒、解表发汗等功效，可治疗头痛、身痛、风湿、筋骨疼痛及跌打损伤等，被《中药大辞典》（江苏新医学院，1977）收载为民间药物。从白姜花的根茎中提炼的精油常被用作镇静剂。白姜花的根茎还常用于治疗蛇虫叮咬（Chaithra et al.，2017）。

白姜花的根茎、花和叶中均含有1, 8-桉树脑、芳樟醇、β-蒎烯等挥发性化学成分，但不同部位的含量有所差异。根茎的1, 8-桉树脑含量较高，叶的β-蒎烯含量较高，而花的芳樟醇含量较高。β-蒎烯和1, 8-桉树脑具有驱虫和杀虫的作用。芳樟醇具有镇痛、抗焦虑、镇静催眠、抗炎、抗肿瘤、抗菌等药理活性（姜冬梅 等，2015）。从白姜花中分离得到的二萜类化合物已经有39个，主要存在于白姜花的根茎中，且多为半日花烷类（labdane），具有抗菌、消炎、保肝、抗肿瘤等活性。从白姜花中提取的姜花素D有望被开发为化学保肝剂的替代物（Lin et al.，2018）。基于白姜花中所含有的这些挥发性和非挥发性成分，白姜花的根茎、花和叶均具有抗菌活性，根茎和花提取物具有消炎活性，根茎和叶具有杀虫、降血糖的活性。根茎提取物还具有抗肿瘤、抗结石、抗氧化、镇痛、驱虫的作用，花的提取物具有保肝的作用，叶的提取物具有降压和利尿的作用（姬兵兵 等，2018）。

除了白姜花这个种以外，姜花属的其他种也具有较高的药用价值。草果药（*H. spicatum*）的根茎温胃散寒，可治胃寒痛、消化不良和疟疾。从草果药中提取的精油具有镇静、止痛、消炎的作用（Bisht et al.，2015），被广泛用于香料按摩和香精的生产。毛姜花（*H. villosum*）的根茎能祛风止咳。

三、食用

根据发表在国际著名癌症研究期刊——*Cancer Metastasis Review*上的研究，白姜花（*H. coronarium*）花瓣所含物质可阻断致癌因子的形成（Gupta et al.，2010）。白姜花在日本与茶叶、葡萄、胡萝卜、草莓、苹果一同被列为保健食品（Gupta et al.，2010）。药理实验也证实白姜花无毒，可食用，且能提高动物的耐力，有加强心脏收缩和减慢心率的作用（何尔扬，2000）。

姜花属植物长期以来被作为调料或辅料食用。在广东，顺德著名的饮食企业百丈园以姜花的花瓣开发出"姜花宴"，它深受人们喜爱，成为当地季节性特色美食。在台湾南部地区，姜花的花瓣和根茎作为调味料或单独使用，被开发为多种食品，如将根茎作为调味料制作粽子、蛋卷、冰淇淋、饺子、炖汤、炒菜等，或花瓣裹上面粉油炸后食用。贵州梵净山附近的村子家家户户种植黄姜花（*H. flavum*），当地人取其鲜花炒菜或取干燥后的根茎和花序作为煲肉的辅料。

经烘干、微波干燥或低温冷冻干燥后，姜花的花朵制成的花茶香气馥郁，滋味鲜甜（图1-13，图1-14），具有祛寒的作用，是极具潜力的新型花茶（谭火银 等，2019）。低温真空冷冻干燥工艺可较好地保存姜花花朵的形态和香气。姜花窨制的茶叶香气馥郁，浓香持久（戴素贤，1996）。

图1-13 姜花纯花茶

图1-14　姜花纯花茶（冲泡后完整复原的小花）

第二章
引种气候适宜性区划

姜花属植物具有很高的观赏性，自然分布于我国云南、四川、广西、贵州、海南和西藏。为更好地在园林中推广和应用该属植物，需对各种类在我国潜在引种区域有更准确的认识。MaxEnt生态学模型可根据物种的地理分布数据及物种在分布区域和目标区域的环境因子数据预测该物种在目标区域可能的分布范围（Phillips et al.，2006），这一特点正符合引种气候适宜性区划的需要。我们基于GIS平台，采用MaxEnt生态学模型对姜花属5个代表性种在近自然栽培条件下的适生性区域进行了预测。区划模型的理论检验采用作ROC（receiver operating characteristic）曲线进行，区划结果图的判读以引种栽培数据为辅助，以使区划等级的划分与实际相符。

气候数据来源于世界气候数据库（Hijmans et al.，2005）的19项生物气候因子。运用ENMTools软件的Correlation对各气候因子之间的相关性进行分析，去除冗余的气候因子。分布数据来自我们的野外调查工作和标本记录（PE，中国科学院植物研究所标本馆；IBSC，中国科学院华南植物园标本馆；KUN，中国科学院昆明植物园标本馆；HITBC，中国科学院西双版纳热带植物园标本馆；GXMI，广西药用植物研究所标本馆；IBK，中国科学院广西植物研究所标本馆；GH，哈佛大学植物标本馆）。为提高预测的可靠性，我们对来自标本的分布数据进行了逐一甄别，去除重复的记录，剔除鉴定错误的记录，获得的分布数据见表2-1。MaxEnt生态学模型的评价采用先验性数据进行，即选用25%的分布数据作为测试集数据，其余作为训练集数据，作ROC曲线对模型的有效性进行评价（Hanley et al.，1982；王运生 等，2007）。

　　5个种的分布数据样点数及所建模型 AUC 平均值见表2-1。从AUC平均值可以看出，各种类的AUC平均值均在0.978以上，其中3个种达到0.989以上，显示模型的可靠性很好。5个种的气候适宜性区划结果见表2-2。红姜花、毛姜花、普洱姜花的区划结果还可参见我们发表的文章，以获取直观的区划图（胡秀 等，2015；胡秀 等，2013；胡秀 等，2014）。

表2-1　姜花属5个种的分布数据及MaxEnt生态学模型AUC平均值

种类	学名	分布数据/个	AUC平均值
白姜花	*H. coronarium*	22	0.988
红姜花	*H. coccineum*	51	0.991
毛姜花	*H. villosum* var. *villiosum*	13	0.978
滇姜花	*H. yunnanense*	58	0.989
草果药	*H. spicatum* var. *spicatum*	58	0.989

表2-2　姜花属5个种在我国的引种气候适宜性区划

种类	采集样点分布区域	潜在气候适宜区
白姜花	云南省漾濞县、鹤庆县、梁河县、陇川县、孟连县、思茅区、勐海县、景洪市、勐腊县、绿春县、麻栗坡县、嵩明县	云南省福贡县、兰坪县、云龙县、永平县、昌宁县、凤庆县、南涧县、景东县、楚雄市、双柏县、易门县、安宁市、富民县、寻甸县、宣威市以南；贵州省盘州市、普安县、晴隆县、兴仁市、贞丰县、望谟县、册亨县、安龙县、兴义市、关岭县、镇宁县、紫云县西南；广西壮族自治区西林县、隆林县、田林县、凌云县、凤山县、乐业县、那坡县、靖西市、德保县、天等县、上思县、合浦县、博白县、浦北县、陆川县、巴马县、宁明县、钦南区等地部分地区；广东省信宜市、阳春市、恩平市、台山市西南，紫金县、惠东县、陆河县、海丰县、惠城区、惠阳区、深圳市，博罗县、普宁市、汕尾市城区等地部分地区
红姜花	云南省麻栗坡县、绿春县、思茅区、勐腊县、景洪市、勐海县、孟连县、陇川县、梁河县、漾濞县、鹤庆县、嵩明县	西藏自治区墨脱县南部、察隅县西南部；云南省泸水市南部、隆阳区南部、施甸县、昌宁县南部、凤庆县南部、云县、景东县南部、新平县南部、石屏县、建水县南部、个旧市、开远市东部、丘北县中南部、广南县中南部、富宁县中南部以南；贵州省盘州市与云南省富源县接壤处、兴义市、安龙县南部、册亨县西南部；广西壮族自治区隆林县、西林县东北部、乐业县田林县凌云县三县交界处、右江区西部、田阳区西南部、德保县南部、靖西市、那坡县、宁明县南部；广东省高州市中南部、茂南区、电白区西部、吴川市、遂溪县南部、坡头区中南部、赤坎区、霞山区、麻章区、雷州市、徐闻县；海南省临高县、澄迈县、海口市、文昌市、儋州市、白沙县、琼中县、屯昌县、定安县、琼海市、万宁市、五指山市、昌江县东南部、东方市东南部、乐东县东北部、保亭县西北部、陵水县东北部；香港特别行政区离岛区西南部；台湾地区西部

（续表）

种类	采集样点分布区域	潜在气候适宜区
毛姜花	西藏自治区墨脱县；云南省贡山县、福贡县、泸水市、云龙县、芒市、盈江县、耿马县、凤庆县、景东县、镇沅县、勐海县、景洪市、勐腊县、绿春县、屏边县、河口县、马关县、文山市、砚山县、富宁县；贵州省兴义市；广西壮族自治区那坡县、德保县、右江区、龙州县、上思县、邕宁区、隆林县；海南省昌江县、白沙县、琼中县、陵水县	西藏自治区错那县西南部、察隅县西南部；云南省腾冲市、隆阳区中西部、梁河县、陇川县、龙陵县、施甸县、瑞丽市东北部、永德县、云县西南部、临翔区、双江县、沧源县东部、西盟县、澜沧县、孟连县、思茅区、景谷县、宁洱县、江城县、红河县、元江县、新平县南部、石屏县中南部、建水县南部、元阳县、金平县、个旧市、蒙自市、开远市东部、文山州、泸西县东南部、师宗县、罗平县、富源县、宣威市东部；贵州省安龙县、册亨县、望谟县、罗甸县西部、紫云县、安顺市、贞丰县、兴仁市、普安县、盘州市、晴隆县、关岭县、镇宁县、六枝特区、水城区、钟山区西南部；广西壮族自治区西林县、田林县东部、乐业县、天峨县西南部、凤山县、凌云县、田阳区西南部、靖西市、凭祥市、宁明县西部；海南省临高县西部、儋州市、五指山市、保亭县北部、乐东县北部、东方市东部；台湾地区西部
滇姜花	云南省贡山县、香格里拉市、洱源县、泸水市、腾冲市、隆阳区、芒市、龙陵县、宾川县、大理市、耿马县、景东县、宁洱县、思茅区、景洪市、勐海县、绿春县、安宁市、富民县、寻甸县	西藏自治区察隅县南部、墨脱县东部；云南省福贡县、兰坪县、保山市、德宏州、临沧市、普洱市、玉溪市、昆明市、曲靖市中部、丘北县、砚山县、石屏县、红河县；四川省会理县、会东县、宁南县、普格县、德昌县交界处；贵州省盘州市西部、威宁县南部
草果药	西藏自治区吉隆县、错那县；云南省贡山县、福贡县、泸水市、玉龙县、宁蒗县、鹤庆县、大理市、宾川县、腾冲市、盈江县、陇川县、瑞丽市、普洱市、耿马县、武定县、富民县、西山区、盘龙区、官渡区、安宁市、江川区、蒙自市、鲁甸县；四川省德昌县、宁南县、普格县、西昌市、木里县、九龙县、冕宁县、石棉县、泸定县、天全县	西藏自治区墨脱县中部、察隅县中南部及东部；云南省兰坪县、维西县、德钦县南部、香格里拉市南部、永胜县、华坪县北部、云龙县、剑川县、洱源县、漾濞县、永平县、巍山县、南涧县、弥渡县、祥云县、龙陵县、施甸县北部、昌宁县北部、隆阳区东部、德宏州东北部及中部、临沧市东北部及东部、大姚县、姚安县、南华县、楚雄市、禄丰市、双柏县北部、永仁县西北部、昆明市、澄江市、江川区、华宁县、通海县、峨山县、新平县东部、泸西县、弥勒市、建水县南部、开远市东部、个旧市、屏边县北部、曲靖市、丘北县、砚山县、文山市、西畴县、马关县北部、麻栗坡县北部、广南县中西部、巧家县、昭阳区、永善县南部；四川省盐边县、米易县中北部、会东县、会理县中北部、盐源县、布拖县、金阳县、昭觉县、喜德县、越西县、美姑县、雷波县西南部、峨边县西南部、甘洛县、汉源县、金口河区北部及西南部、洪雅县南部、荥经县西部及东南部、宝兴县中部

第三章
繁殖和栽培

姜花属植物为多年生根茎植物，对环境因子具有较强的耐受性，在大多数人的认知里应该不难栽培。然而，植物能存活并正常开花并不意味着能丰花、丰产或形成良好的景观效果。姜花属植物对温度的需求大致分为两类：原产于亚热带高海拔地区的种类生长适温为15～25℃，原产于热带及亚热带低海拔地区的种类生长适温为20～30℃。在广州的气候条件下，姜花属植物在夏季面临着强光、高温干旱的威胁。姜花属植物的叶片大，蒸腾量大，对水分供应敏感，稍受旱，叶茎就会停止伸长，进而无法抽生花序，叶茎基部两侧的侧芽则会迅速萌发为细弱枝，从而降低开花率。高温干旱之后长时间的暴雨还会诱发软腐病，引起植株大量死亡。除了温度和水分，姜花属植物的丰花性还受到栽培基质透气性的影响，尤其是姜花属中侧根肉质化明显、水分含量高的种类（在原产地多为附生），栽培时需要改良基质。本章首先介绍姜花属植物的繁殖方法，然后分不同的应用场景（种质保存、切花栽培、园林栽培）对姜花属植物的栽培技术进行介绍，接着介绍病虫害的防治，最后对活体包装方法进行说明。

一、繁殖

在自然条件下，姜花属植物兼营种子有性繁殖和根茎无性繁殖。在栽培条件下，姜花属植物常采用根茎繁殖。姜花属植物还可以采用叶茎扦插进行繁殖，这是长期以来被忽视的繁殖方式。此外，姜花属植物还可在离体条件下进行快速繁殖。

（1）根茎分株繁殖

姜花属植物具有发达的根茎，根茎分株繁殖是较为简便、成活率较高的繁殖方式。当年生带芽眼的成熟根茎是良好繁殖体（图3-1）。在肥水充足的大田栽培条件下，白姜花（*H. coronarium*）每年的增殖率可达10～20倍。

图3-1　姜花的根茎和叶茎

（2）种子繁殖

姜花属植物的种子通常在授粉后的3个月左右成熟。除峨眉姜花（*H. flavescens*）不产生种子以外，多数姜花属植物均能产生大量的种子。种子不具有需光性，没有后熟及休眠现象，在温度和水分适宜的条件下可萌发（图3-2）。低温（4℃）、干燥条件下可贮藏2年的普洱姜花（*H. puerense*）种子萌发率为17%（胡秀 等，2010）。种子的适宜萌发温度为25～30℃。

（3）叶茎扦插繁殖

姜花属植物的地上茎不是假茎，而是真正的茎（图3-1，图3-3）（Hu et al.，2020）。长期以来，姜花属植物的地上茎被误认为假茎，因而它作为繁殖体的功能也完全被忽视。将开过花的成熟叶茎剪去叶子，用75%酒精擦拭表面后逐层剥去叶鞘，将叶茎以节为单位剪成节段，放在无菌的自封袋里，置于25～30℃的条件下。30天后，节上的隐芽逐渐膨大为小根茎。将带小根茎的节段种在土壤里（图3-4），可发育为完整的植株。叶茎扦插极大地提高了姜花属植物的繁殖率，且为姜花属植物的离体培养增加了一类优良的外植体（Hu et al.，2020）。

图3-2 种子萌发

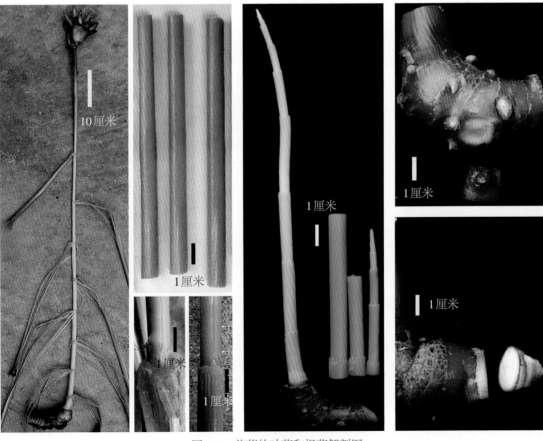

图3-3 姜花的叶茎和根茎解剖图

图3-4   叶茎节段扦插

（4）离体培养快速繁殖

传统用于姜花属植物离体快速繁殖的外植体包括根茎上的芽眼、新抽生的嫩茎（Bisht et al.，2015；Mohanty et al.，2013），它们存在污染率高的问题（Mohanty et al.，2013）。以叶茎为外植体，在消毒之前保留最里面一层叶鞘，消毒之后将叶鞘剥去，进而在无菌条件下培育，这一方法大大地提高了无菌处理的效率，增加了外植体来源的丰富度，且仍能获得令人满意的萌发率（Hu et al.，2020）。在增殖方法上，最新的研究发现白姜花可以通过类似兰花原球茎的形式进行稳定增殖（Hu et al.，2020）。

二、种质保存

与一般的多年生草本植物相比，姜花属植物体量较大，且由于根茎发达，地栽的时候容易串行。因此，作为种质保存栽培，适宜采用直径大于80厘米的花盆种植，如英国奇切斯特姜花属国家收藏中心（National Collection of *Hedychium*）的姜花容器栽培（图3-5）。另外一种防止串行的方式是地栽的时候在植株周围用砖块砌上种植圈，如泰国东芭植物园的姜花属种质保存（图3-6）。由于姜花属植物喜温暖湿润，生长期需水量大，英国奇切斯特的盆栽姜花属种质保存安装了滴灌，且在花盆底部置一浅盘蓄水，保持盆内土壤湿润，花盆放在玻璃温室里，但不必加温（图3-5）。

图3-5　大型盆栽保存（英国奇切斯特）

图3-6　围蔽栽培保存（泰国东芭植物园）

三、切花栽培

在水肥供应充足的情况下，姜花属植物适应全光照环境，但适宜有侧阴的环境（图3-7）。选择土层较疏松、肥沃、富含有机质的地块，整地起深沟高畦（图3-8）。沟深30厘米，畦宽90厘米，每畦种植2行，株行距40厘米，生长期保持沟里有水且低于畦面10～15厘米（图3-9，图3-10）。定植前用茶麸水淋施一遍，防治地下害虫，并施以充足的有机改土肥料和少量复合肥作基肥，初次种植时每亩施用量为1 000千克，第二年以后为150千克。

（1）定植

选择生长健壮植株的根茎，将根茎以两个节为单位进行分割（图3-1）。定植前用恶霉灵、百菌灵等的1 000～1 500倍液消毒。定植时不要将根茎埋得过深，刚没过叶茎从根茎上脱落的位置即可。定植后盖薄膜或稻草保温、保湿以催其出芽（图3-11），中途注意检查土壤的水分状况，防止湿度过大而引起块茎腐烂。

（2）田间管理

保持沟内水面低于畦面10～15厘米。生长前期确保肥水供应充足，及时除草以促进姜花生长，待其完全封行后，则应控肥制水以防止徒长。对分蘖过多的细弱植株应及时疏除，适时采收鲜切花，以促发新枝，提高产花率。群体花期结束后，将地上部分全部刈割（图3-12），将叶茎就地覆盖，这样有利于来年的花枝生长强健。种植2～3年后，应进行适当疏伐，避免过度拥挤而使花枝瘦弱，也避免植株生长过密而导致不通风，致使病虫害加重。

图3-7　种植地小环境选择

图3-8 整地作畦

图3-9 水位保持（1）

图3-10 水位保持（2）

图3-11　地膜覆盖

图3-12　冬季刈割

（3）切花的采摘

切花采摘前应避免土壤干旱，确保植株体内水分充足，以确保切下的花枝正常开放。将切下的花枝上的叶片剔除，保留顶部1片叶以保护花序。按照花序的大小进行分级，以60枝或100枝为一扎，整齐捆扎并置于水池充分吸水后统一运送至批发市场（图3-13，图3-14）。

图3-13　修剪、捆扎

图3-14　包装、运输

四、园林栽培

（1）小环境选择和水分管理

姜花属植物适宜配置在疏林下或植物群落边缘（图3-15）。如配置在全光照环境下，则需增加浇水频率。

（2）育袋苗

以轻质、保水透气的泥炭和珍珠岩为基质进行育苗，以方便运输。于3—5月或生长季节挖取带3～5个节的成熟根茎，于育苗袋内促发新枝。待叶茎高30～40厘米时即可定植。

（3）整地施肥

土层厚度为20～30厘米，定植时施基肥，每丛施30克复合肥。生长期每2个月追肥一次，撒施少量复合肥。

（4）定植

去除育苗袋，整丛带土移栽，以获得较高的成活率，以及良好的初期景观效果。

（5）养护和管理

保持充足的水分供应，及时除草，定期追肥、修剪细弱枝和衰老的花枝。

图3-15　园林栽培小环境选择

五、病虫害防治

姜花属植物喜湿润环境，但忌干湿交替，连续干旱后淹水2～3天极易发生根茎腐烂，严重的甚至发生成片死亡，极难防治。雨季要注意预防雨水过多引起的姜枯萎病，应疏通排水沟以防积水。发病后应及时连根清除发病植株，集中烧毁，并在发病植株周围撒施石灰，用2000倍农用硫酸链霉素灌根处理。在夏季天气比较炎热、空气潮湿时，还要注意防治细菌、真菌和病毒等引起的其他病害。

姜花幼株心部幼嫩，易受夜蛾和螟虫幼虫钻蛀，造成受害植株顶端枯死、叶片枯黄、茎干腐烂直至成株枯死。可在苗期用广谱性杀虫剂，如敌百虫等的1000～1500倍液喷其心部，每隔3～5天喷1次，连喷2～3次。高温干旱季节时有螨类害虫为害，可用退螨特1500倍液喷施防治。在生长过程中，经常会出现蜗牛为害叶子和花朵的现象，要及时清洁种植场地，破坏蜗牛滋生繁育的场所。象鼻虫啃食叶片，有时会把嫩叶吃光，在定植前需使用杀虫剂对土壤进行处理。

六、活体包装和运输

如果需要对姜花属植物进行活体运输，可将根茎和须根用塑料袋套起来，同时将叶茎用多个塑料袋分段绑扎，最后再用纸箱包装进行运输，这样既透气又保湿，可使植株在10～15天内保持新鲜（图3-16，图3-17）。

图3-16 活体包装

图3-17 活体15天后的状态

第四章
姜花属的种

一、概述

　　本书以Schumann（1904）和 *Flora of China*（Wu et al.，2000）收录的分布于我国的种类为基础，补充了这以后国内外发表的新种及新纪录种（Hu et al.，2010a；Hu et al.，2010b；Ding et al.，2018；Hu et al.，2018；Picheansoonthon et al.，2013），编制了国产姜花属植物的分种检索表。目前国产姜花属植物共33个种3个变种，检索表包括31个种2个变种，未能观察到活体的种类暂未编入。检索表不包括原产于国外的种。本图鉴共收录国产的28个种2个变种，国外分布的14个种。

二、属的形态特征

　　植株高60～220厘米。地下具块状根茎，直径2～8厘米，根长，肉质，直径0.5～1厘米；地上带叶的茎直立，直径1～2.5厘米，具节，节上着生直径小于1毫米的腋芽。叶片通常为长圆形或披针形；叶舌显著，膜质。穗状花序顶生；苞片覆瓦状或卷筒状排列，紧密或疏离，宿存，其内有花1朵至数朵；小苞片管状；花萼管状，顶端具3齿或截平，常一侧开裂；花冠管纤细，极长，通常突出于花萼管之上，稀与花萼近等长，裂片线形，花时反折；侧生退化雄蕊花瓣状；唇瓣近圆形，通常2裂，具长瓣柄或无；花丝通常较长，罕近于无；花药背着，基部叉开，药隔无附属体；子房下位，3室，中轴胎座，顶端有2个黄色锥形腺体；花柱线形，套生于花丝管及花冠管内；柱头半球形或圆锥形。蒴果球形，室背开裂为3瓣；种子多数，被红色或黑色假种皮，假种皮撕裂状或呈多汁囊状。染色体基数 x=17。图4-1以绿苞姜花（*H. viridibracteatum*）为例对姜花属小花的形态术语进行了说明。

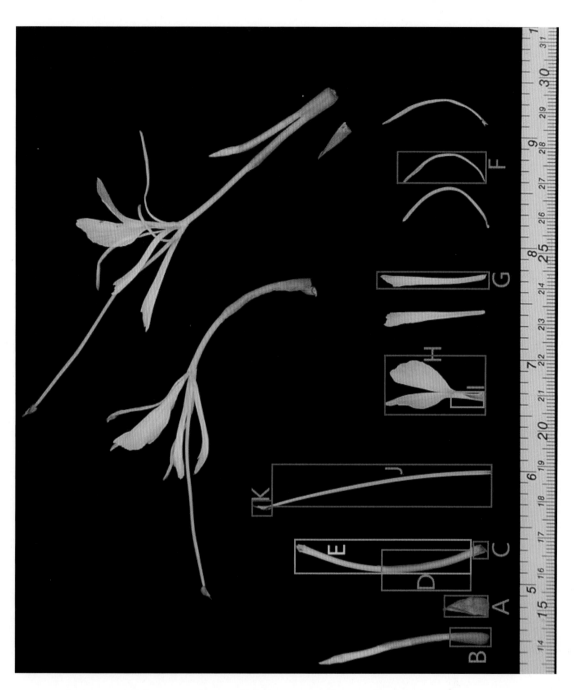

A. 苞片；B. 小苞片；C. 子房；D. 花萼管；E. 花冠管；F. 花冠裂片；G. 侧生退化雄蕊；
H. 唇瓣；I. 唇瓣瓣柄；J. 花丝；K. 花药。

图4-1　花部形态术语

三、国产姜花属植物分种检索表

1. 每苞片小花 1 朵，极少数每苞片 2 朵；根茎较小，侧根粗壮发达；假种皮多汁，包裹种子，不呈撕裂状；叶茎冬季枯萎

  2. 假种皮紫黑色，唇瓣与侧生退化雄蕊近等宽·····························1. 虎克姜花 *H. hookeri*

  2. 假种皮红色，唇瓣较侧生退化雄蕊宽

    3. 侧生退化雄蕊匙形，花药短于 5 毫米

      4. 苞片短，长约 0.5 厘米，唇瓣小，长 0.5 厘米，全缘或顶端突出·····························
      ··2. 小苞姜花 *H. parvibracteatum*

      4. 苞片长 0.7 ～ 2 厘米，唇瓣大，长 0.8 ～ 1.6 厘米，二裂

        5. 花冠管长 2.5 ～ 3 厘米；花大，唇瓣长 1.6 厘米·············3. 密花姜花 *H. densiflorum*

        5. 花冠管长 1.2 ～ 1.5 厘米；花小，唇瓣长 0.8 ～ 1 厘米·····4. 小花姜花 *H. sinoaureum*

    3. 侧生退化雄蕊线形，花药长 5 ～ 10 毫米

      6. 唇瓣突出，顶端不裂·······························5. 唇凸姜花 *H. convexum*

      6. 唇瓣二裂

        7. 花药长 7 毫米，花小，唇瓣长 1.3 厘米，苞片排列稀疏······6. 少花姜花 *H. pauciflorum*

        7. 花药长 10 毫米以上，花大，唇瓣长于 2 厘米，苞片排列较密

          8. 花黄色

            9. 叶柄长 1.5 厘米；叶舌长 1.5 厘米；唇瓣顶端 2 裂至长度的 1/2，裂片窄线形
            ·····························7. 腾冲姜花 *H. tengchongense*

            9. 叶柄长 3 ～ 7 厘米；叶舌长 3 ～ 6 厘米；唇瓣顶端 2 裂至长度的 2/3，裂片窄
            披针形·····························8. 无毛姜花 *H. glabrum*

          8. 花早期白色，后期淡黄色

            10. 苞片覆瓦状，唇瓣窄，顶端微裂·············9. 椭穗姜花 *H. ellipticum*

            10. 苞片卷筒状，唇瓣宽，顶端二裂

              11. 花丝比唇瓣长，花冠管长 3.5 ～ 5 厘米·········10. 滇姜花 *H. yunnanense*

              11. 花丝比唇瓣短，花冠管长 8 厘米

                12. 苞片排列紧密，唇瓣较窄，宽约 2 厘米，雄蕊较唇瓣略短，花药较短，
                约 1.1 厘米·····························11a. 草果药 *H. spicatum* var. *spicatum*

                12. 苞片排列疏松，唇瓣较宽，宽约 3 厘米，雄蕊明显较唇瓣短，花药较长，
                约 1.3 厘米·····11b. 疏花草果药 *H. spicatum* var. *acuminatum*

1. 每苞片小花 2 朵以上；根茎粗壮；假种皮撕裂状；叶茎冬季常绿

  13. 叶片深绿色、革质，花期 9 月至翌年 4 月，附生

    14. 花药长 2 ～ 3 毫米

      15. 植株高 0.8 ～ 1 米，花小，唇瓣长约 1.5 厘米·······12a. 小毛姜花 *H. villosum* var. *tenuiflorum*

15. 植株高 1.5 ～ 1.8 米，花大，唇瓣长约 2.5 厘米

16. 叶舌长 2.9 ～ 3.4 厘米，花丝红色，唇瓣瓣柄短·················

·· 12 b. 毛姜花 *H. villosum* var. *villosum*

16. 叶舌长 1.8 ～ 2.3 厘米，花丝白色，唇瓣瓣柄长···13. 绿苞姜花 *H. viridibracteatum*

14. 花药长 5 毫米以上

17. 植株高 0.5 米，叶片短宽，花丝短于或等长于唇瓣，花药长 1.2 厘米·················

·· 14. 矮姜花 *H. brevicaule*

17. 植株高 1 ～ 1.2 米，叶片狭长，花丝长于唇瓣，花药长 5 毫米 ·················

·· 15. 广西姜花 *H. kwangsiense*

13. 叶片浅绿色、纸质，花期 6—10 月，地生

18. 苞片覆瓦状或上部卷筒状、下部覆瓦状，排列紧密

19. 苞片覆瓦状排列

20. 花丝短，仅 1 ～ 2 毫米，花均鲜黄色·················· 16. 无丝姜花 *H. wardii*

20. 花丝长

21. 花黄色或淡黄色

22. 花淡黄色，唇瓣长大于宽，侧生退化雄蕊宽，约 1 厘米 ·················

·· 17. 峨眉姜花 *H. flavescens*

22. 花黄色，唇瓣宽大于长，侧生退化雄蕊窄，3 ～ 5 毫米 ········18. 黄姜花 *H. flavum*

21. 花白色

23. 苞片排列疏松，花小，唇瓣长宽为 1.3 厘米×1 厘米······19. 盈江姜花 *H. yungjiangense*

23. 苞片排列紧密，花大，唇瓣长宽为（4 ～ 6）厘米×（4 ～ 6）厘米 ·················

·· 20.（白）姜花 *H. coronarium*

19. 苞片上部卷筒状、下部覆瓦状排列

24. 花冠管与苞片等长，侧生退化雄蕊宽 3 ～ 3.5 厘米 ·············21. 圆瓣姜花 *H. forrestii*

24. 花冠管长于苞片 1 厘米以上，侧生退化雄蕊宽 1 厘米以下

25. 侧生退化雄蕊宽 1 厘米 ·················· 22. 青城姜花 *H. qingchengense*

25. 侧生退化雄蕊宽 0.3 ～ 0.5 厘米 ·················· 23. 西盟姜花 *H. ximengense*

18. 苞片卷筒状，疏离

26. 叶背被密毛

27. 花白色，唇瓣中央淡绿色或淡黄色 ·················· 24. 普洱姜花 *H. puerense*

27. 花白色，唇瓣中央肉红色或淡紫红色

28. 唇瓣中央肉红色，叶片宽 ·················· 25. 肉红姜花 *H. neocarneum*

28. 唇瓣中央淡紫红色，叶片窄 ·················· 26. 思茅姜花 *H. simaoense*

26. 叶背无毛或仅叶背中脉有毛

29. 仅叶背中脉有毛

30. 花红色 ·· 27. 红姜花 *H. coccineum*

30. 花黄色，花丝红色

　　31. 唇瓣倒卵形，基部楔形，顶端 3 齿 ····························· 28. 碧江姜花 *H. bijiangense*

　　31. 唇瓣近圆形，基部有瓣柄，顶端 2 裂 ····················· 29. 红丝姜花 *H. gardnerianum*

29. 叶背无毛

　　32. 唇瓣平展，白色，基部无色斑，花冠管远长于苞片 ······30. 长瓣裂姜花 *H. longipetalum*

　　32. 唇瓣左右折叠，基部瓣柄内面黄色，花冠管与苞片近等长 ···

　　·· 31. 勐海姜花 *H. menghaiense*

四、分种描述

　　国外分布的种的形态观测来自英国爱丁堡皇家植物园（Royal Botanic Garden Edinburgh，RBGE）温室保存的活体。国内分布的种的形态观测来自编者多年在野外调查、引种栽培中的积累，个别来自英国爱丁堡皇家植物园（RBGE）温室保存的活体。种类的排列依种加词的字母顺序。原产于国外的种类仅注明拉丁学名，未给出中文名。

H. bijiangense T. L. Wu & S. J. Chen 碧江姜花

识别要点 | 植株高约180厘米。叶片长圆状披针形，两面无毛。苞片卷筒状，每苞片2～3朵花。花冠管较苞片长约1厘米；侧生退化雄蕊披针形，宽5～7毫米；唇瓣倒卵状楔形，先端圆形，微凹或具3浅齿；花丝长于唇瓣，花药1.2厘米。花期7—8月。

分布 | 产于我国云南福贡、贡山和泸西，生于海拔2 000～3 200米的潮湿阔叶林下。印度东北部和尼泊尔也有分布。

特点 | 植株强壮，叶背灰绿、花色鲜黄、花丝红，花序大而显。

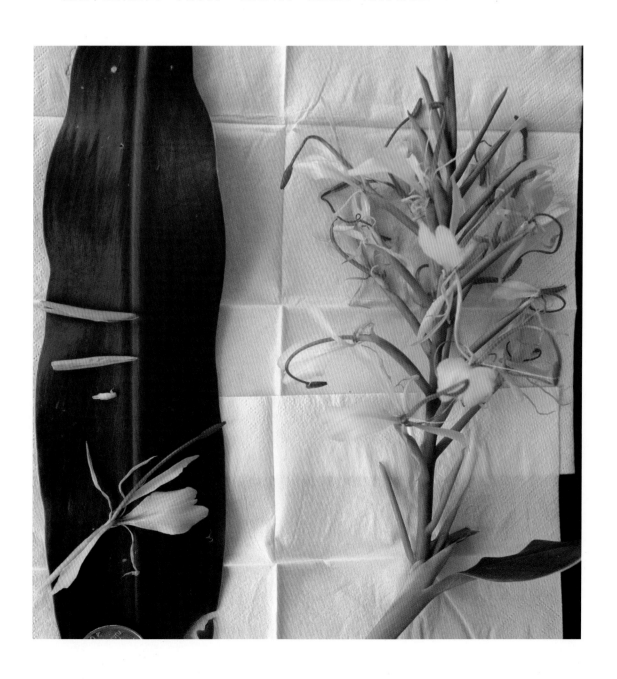

H. boloveniorum K. Larsen aff.

RBGE引种编号 | 20111081 A

识别要点 | 植株高160～180厘米。叶舌长约4.5厘米，被毛。叶片窄长圆形。花序轴长15～20厘米；苞片卷筒状，长约5厘米，被毛，每苞片3～4朵花。侧生退化雄蕊宽约7毫米，唇瓣顶端裂口深5毫米，基部骤然收缩为爪，雄蕊长于唇瓣，花药长约5毫米。

分布 | 老挝南部占巴塞省波罗芬高原。

特点 | 花白、苞片红，小花纤细可爱。

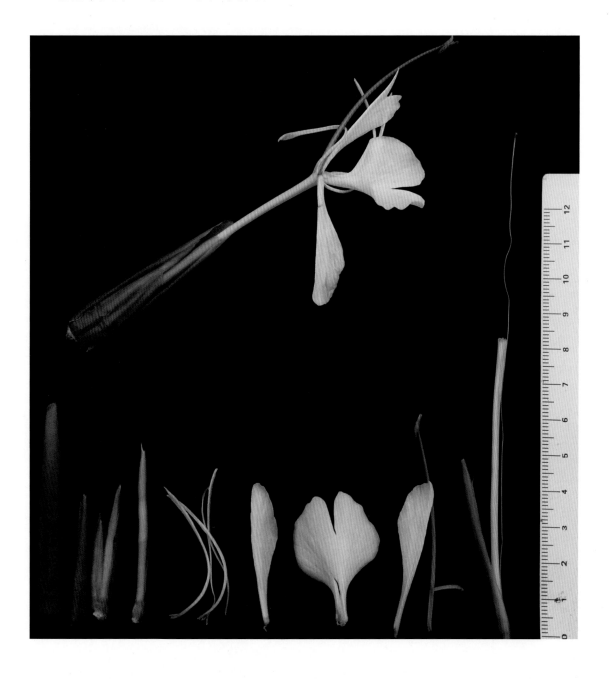

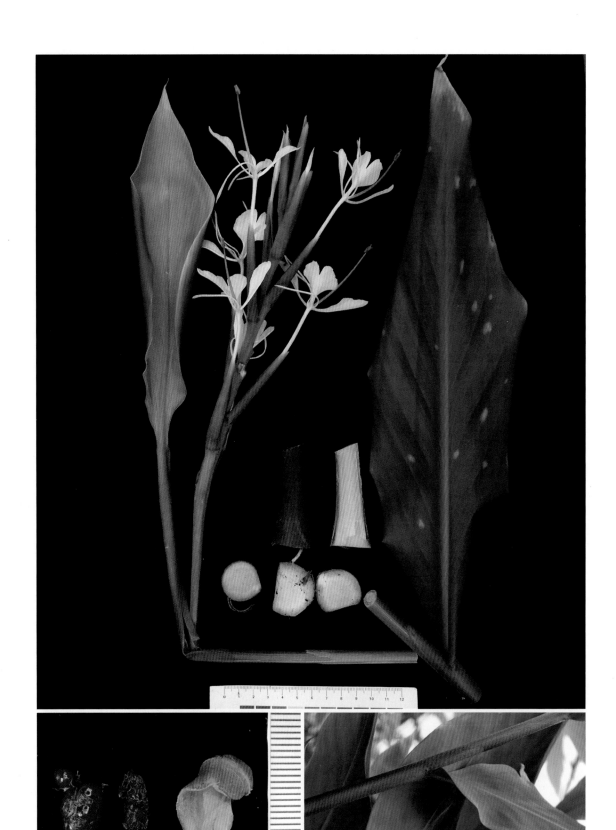

H. borneense R. M. Sm.

RBGE引种编号 | 19842372 A

识别要点 | 植株高130厘米。叶舌长约4厘米，被稀疏毛。叶片窄椭圆形，叶背中脉被稀疏毛。花序轴长约10厘米；苞片宽、覆瓦状，果时略呈卷筒状，每苞片2～4朵花。侧生退化雄蕊宽约8毫米，花丝与唇瓣略近等长。

分布 | 马来西亚沙巴，海拔1 219米。

特点 | 苞片大而泛红，与常见的绿色不同；小花纤长，白至淡黄，清新淡雅。

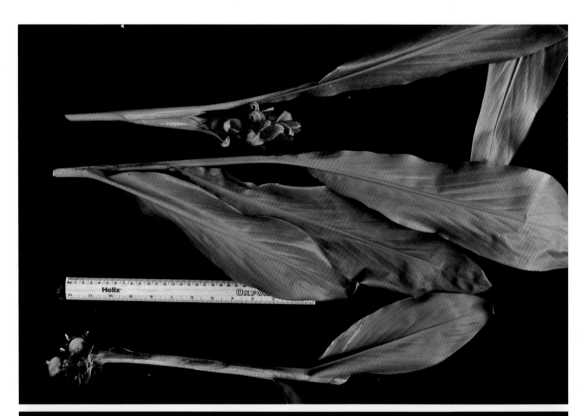

H. bousigonianum Pierre ex Gagnep.

RBGE引种编号｜19901451 B

识别要点｜植株高90～100厘米，须根发达。叶舌长约4厘米，被毛。叶片窄倒卵圆形，两面无毛。花序轴长30～36厘米；苞片覆瓦状，长约5厘米，每苞片2～4朵花。侧生退化雄蕊宽约6毫米，雄蕊长于唇瓣，花药长约4毫米。

分布｜越南边和市。

特点｜植株较矮，株型圆整、花序挺拔。

H. brevicaule D. Fang 矮姜花

识别要点｜植株高40～60厘米，须根发达。叶舌长2～5厘米。叶片窄倒卵圆形。花序长8～14厘米；苞片内卷成蓬松的管状，棕褐色，内有花3～4朵。侧生退化雄蕊倒披针形，宽约6毫米；花丝较唇瓣略长，花药长8～9毫米。花期2月。

分布｜我国广西那坡。

特点｜植株矮，叶片短宽，兰花香，冬春季节开花，适宜盆栽。

H. coccineum Sm. 红姜花

识别要点｜植株高160～200厘米。叶舌长约3厘米。叶片窄长圆形。花序轴长达30厘米；苞片卷筒状，每苞片多至7朵花。花红色；侧生退化雄蕊宽约6毫米，雄蕊长于唇瓣，花药长约10毫米。花期6—9月。

分布｜我国云南、西藏南部（墨脱）、广西。印度、斯里兰卡和老挝。

特点｜花序大而显，颜色艳丽。香气弱。

H. convexum S. Q. Tong 唇凸姜花

识别要点 | 植株高50～80厘米。叶舌长约5毫米，无毛。叶片狭椭圆形。花序长7～8厘米；苞片覆瓦状，无毛，每苞片1朵花。唇瓣窄长、顶端不裂，侧生退化雄蕊宽约3毫米，雄蕊长于唇瓣，花药长约12毫米。

分布 | 我国云南普洱、西双版纳地区。

特点 | 植株矮，花色淡黄，苞片短、花冠管长，花量感强。

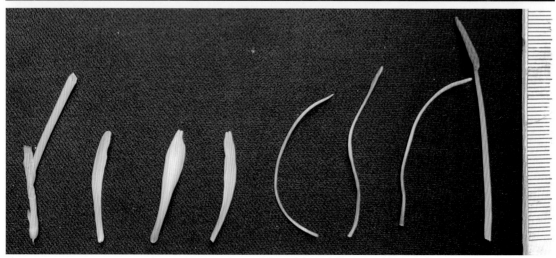

H. coronarium J. Koenig（白）姜花

识别要点｜植株高120～180厘米。叶片长圆状披针形或披针形。花序椭圆形或卵形；苞片覆瓦状，每苞片3～5朵花。花大，白色，芳香；侧生退化雄蕊宽约1.5厘米，雄蕊与唇瓣近等长，花药长约15毫米。花期6—11月。

分布｜为我国岭南地区特色切花。印度、老挝、马来西亚有分布。

特点｜花大、洁白而芬芳，"未见其身，先闻其香"，配置在园林中常引人循香而至。

H. cylindrum Ridl.

RBGE 引种编号 | 20111490 A

识别要点 | 植株高110厘米。叶舌长约 6.5厘米，被毛。叶片披针形，下面被毛。花序轴长约25厘米；苞片卷筒状，被褐色毛，每苞片约3朵花。侧生退化雄蕊宽约3毫米，雄蕊长于唇瓣，花药长约5毫米。

分布 | 马来西亚。

特点 | 整丛植株圆整，叶茎较矮，花枝率高。

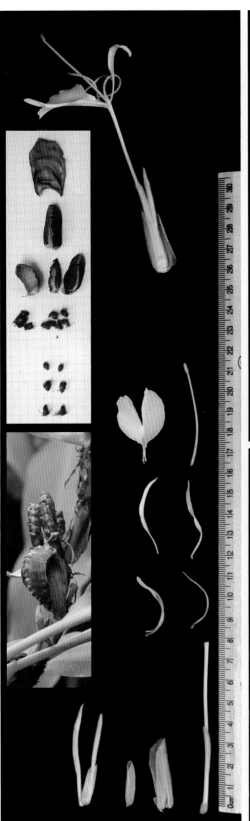

H. densiflorum Wall.密花姜花

识别要点｜植株高至85厘米。叶舌长约 1.5厘米。叶片狭长圆形。花序轴长约12厘米；苞片卷筒状，每苞片1朵花。侧生退化雄蕊宽约4毫米，雄蕊长于唇瓣，花药长约6毫米。花期6—7月。

分布｜我国云南、西藏。尼泊尔、印度东北部。

特点｜植株矮，花色艳丽，开花整齐度高，花感强烈。

H. erythrostemom K. Schum.

RBGE 引种编号 | 20071690 A

识别要点 | 植株高60～80厘米，须根发达。叶舌长约5厘米。叶片狭倒卵形。花序轴长约15厘米；苞片覆瓦状，每苞片约1朵花。侧生退化雄蕊宽约7毫米，雄蕊长于唇瓣，花药长约11毫米。

分布 | 印度尼西亚中部苏拉威西岛。

特点 | 苞片红褐色，花冠管长而粗壮，果序饱满，开裂后具有很强的观赏性。

H. flavescens Carey ex Roscoe **峨眉姜花**

识别要点 | 植株高 1.4～2.2 米。叶舌长 3～5 厘米。叶片披针形或长圆状披针形，叶背被长柔毛。花序长 10～15 厘米；苞片上部卷筒状、中下部覆瓦状，每苞片 3～5 朵花。侧生退化雄蕊宽 11～13 毫米，雄蕊长于唇瓣，花药长约 13 毫米。花期 9—11 月。

分布 | 我国四川、云南。印度、尼泊尔。

特点 | 植株高大，花色柔黄，花序显、花量感强烈。花甜香，在我国云南西双版纳地区为傣族的头饰用花，可鲜食，也可窨制花茶。

H. flavum Roxb. 黄姜花

识别要点 | 植株高150～200厘米。叶舌长2～4厘米。叶片长圆状披针形或披针形，叶背疏被柔毛。穗状花序长约20厘米；苞片覆瓦状，每苞片3～5朵花。侧生退化雄蕊宽约9毫米，雄蕊长于唇瓣，花药长12～15毫米。花期9—10月。

分布 | 我国云南、四川、贵州、西藏、广西。印度东北部。

特点 | 植株高大、粗壮，花序大而显，花色明黄。栀子花香味。

H. forrestii Diels 圆瓣姜花

识别要点｜植株高1.4～2米。叶舌长2.5～3.5厘米。叶片狭长圆形、披针形或长圆状披针形，叶背无毛。花序长20～30厘米；苞片卷筒状，每苞片有2～3朵花。侧生退化雄蕊宽10～15毫米，雄蕊长于唇瓣，花药长11～12毫米。花期8—9月。

分布｜我国云南大理、腾冲。

特点｜叶茎直立性强，花色洁白，小花蝴蝶状明显。香气中等。

H. gardnerianum Sheph. ex Ker Gawl. **红丝姜花**

识别要点 ｜ 植株高160～220厘米。叶舌长约4.5厘米，无毛。叶片椭圆形，下面中脉被毛。花序轴长20～30厘米；苞片卷筒状，每苞片约3朵花。侧生退化雄蕊宽约8毫米，雄蕊长于唇瓣，花药长约10毫米。花期8—9月。

分布 ｜ 我国云南怒江、西藏墨脱。尼泊尔、越南、老挝、缅甸、印度。

特点 ｜ 植株高大，花序大型，圆柱形；苞片在花序轴上呈6列整齐排列；唇瓣鲜黄、花丝鲜红。略香。

H. glabrum S. Q. Tong 无毛姜花

RBGE引种编号｜20111081 A

识别要点｜植株高100～160厘米，须根发达，附生或地生。叶舌长3～6厘米。叶片披针形或狭椭圆形，无毛。花序长20～30厘米；苞片卷筒状，每苞片1朵花。侧生退化雄蕊宽约4毫米，雄蕊长于唇瓣，花药长约7毫米。花期6—7月。

分布｜我国云南南部。

特点｜苞片短、小花长，花明黄色，花量感强、花序显。

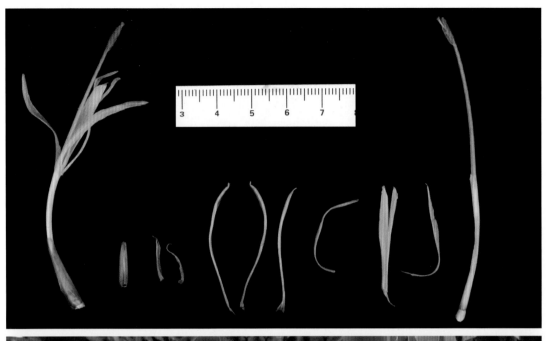

H. gomezianum Wall.

RBGE引种编号｜20092116 A

识别要点｜植株高80～100厘米。叶舌长约6.5厘米，无毛。叶片狭长圆形，无毛。花序轴长约19.5厘米；苞片卷筒状，每苞片1朵花。侧生退化雄蕊宽约4毫米，雄蕊长于唇瓣，花药长约10毫米。

分布｜印度东北部和泰国。

特点｜植株矮，花序抽生能力强、花期长。

H. greeniii W. W. Sm.

RBGE引种编号 │ 19696948 D

识别要点 │ 植株高至215厘米。叶舌长约1.5厘米，被毛。叶片狭卵形，下面被毛。花序轴长约12厘米；苞片覆瓦状，每苞片约4朵花。侧生退化雄蕊宽约6毫米，雄蕊与唇瓣近等长，花药长约12毫米。花期9—10月。

分布 │ 尼泊尔、印度东北部。

特点 │ 花大而鲜红，叶背红。

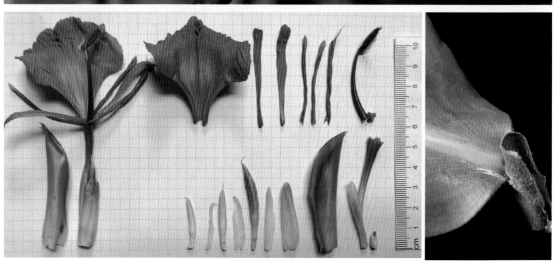

H. hasseltii Blume

RBGE引种编号 | 19611273 A

识别要点 | 植株高至75厘米。叶舌长约6厘米。叶片狭倒卵形。花序轴长约22.5厘米；苞片覆瓦状，被红棕色毛，每苞片约3朵花。侧生退化雄蕊宽约12毫米，唇瓣长于雄蕊，花药橙色。

分布 | 印度尼西亚爪哇岛。

特点 | 植株矮，叶片大，株型圆整；苞片红褐；花冠管长，唇瓣深裂，侧生退化雄蕊长，花丝短而直立，小花似风筝，花形奇特。

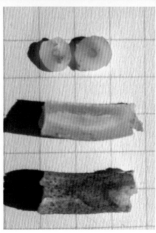

H. hookeri C. B. Clarke ex Baker 虎克姜花

识别要点│植株高60～100厘米。叶舌长14～22毫米。叶片长椭圆形或卵形，无毛。花序轴长4～10厘米；苞片卷筒状，每苞片1朵花。侧生退化雄蕊宽3～5毫米，雄蕊略长于唇瓣，花药长4～7毫米。花期5—6月。

分布│我国云南。印度东北部。

特点│植株矮，叶片厚，叶背常红色；花淡黄色与粉色相间，侧生退化雄蕊与唇瓣近等宽，花小而可爱；假种皮黑色，姜花属仅此一种。

H. kwangsiense T. L. Wu & S. J. Chen 广西姜花

识别要点｜植株高100～120厘米，须根发达。叶舌长2.5～4.5厘米。叶片披针形，无毛。花序长10～20厘米；苞片卷筒状，每苞片约3朵花。侧生退化雄蕊宽约4～5毫米，雄蕊长于唇瓣，花药长5～6毫米。花期2月。

分布｜我国广西和贵州。

特点｜植株较矮，叶片近革质；花洁白，苞片红褐，花量感强、花序显。兰花香浓郁。春节开花。

H. longicorutum Griff. ex Baker

RBGE引种编号 | 19730707 B

识别要点 | 植株高约 80～120厘米。叶舌长约 6厘米，被毛。叶片狭倒卵形，下面无毛。花序轴长约 8厘米；苞片卷筒状，被褐色毛。

分布 | 泰国、马来半岛。

特点 | 植株较矮，叶片大而直立；侧生退化雄蕊长而卷曲，小花姿态似螃蟹；苞片红褐色、花冠裂片红色，小花开放后花序呈红白相间，花序在花蕾期和盛放时均具有较好的观赏性。香气淡雅。

H. longicorutum 的杂交后代

H. longipetalum X. Hu and N. Liu 长瓣裂姜花

识别要点 | 植株高100～160厘米。叶舌长1.5～2.5厘米。叶片窄卵圆状长圆形，两面无毛。花序长10～20厘米；苞片卷筒状，每苞片2～4朵花。侧生退化雄蕊宽约3毫米，雄蕊长于唇瓣，花药长10～12毫米。花期8—10月

分布 | 我国云南思茅，海拔1 200～1 600米。

特点 | 植株较矮，小花花形似小鸟，唇瓣圆润可爱，花黄色与白色相间，花量感强，花序显。香气中等。

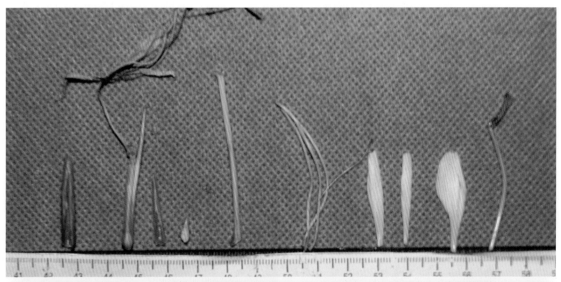

H. menghaiense X. Hu & N. Liu **勐海姜花**

识别要点｜植株高150～180厘米。叶舌长2～3厘米。叶片椭圆状披针形至长圆状披针形。花序轴长20～30厘米；苞片卷筒状，每苞片4～7朵花。侧生退化雄蕊宽2～3毫米，雄蕊长于唇瓣，花药长1～1.2厘米。花期7—8月。

分布｜我国云南。

特点｜花色以白为主，点缀淡黄色的花冠管和红色的花丝，花量感强，花序大、苞片排列密集，花序饱满而显。

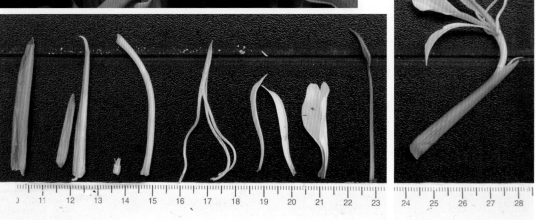

H. muluense R. M. Sm.

RBGE引种编号 ｜ 19773490 A

识别要点 ｜ 植株高80～120厘米。叶舌长2厘米。叶片宽椭圆形，基部窄。花序轴长约10厘米；苞片覆瓦状，每苞片2～4朵花。侧生退化雄蕊宽约5毫米，雄蕊长于唇瓣，花药长6～7毫米。

特点 ｜ 植株矮，叶片大而厚；唇瓣小，花冠管长为唇瓣长度的8～9倍，小花姿态如"翘首以盼"，十分可爱。

H. neocarneum T. L. Wu, K. Larsen & Turland 肉红姜花

识别要点 | 植株高160～220厘米。叶片长椭圆形，叶背被毛。花序长30～40厘米；苞片卷筒状，每苞片约3～8朵花。侧生退化雄蕊宽约2毫米，雄蕊长于唇瓣，花药长12毫米。花期9—10月。

分布 | 我国云南。越南、缅甸、老挝。

特点 | 植株高大，花序大而显著，单花序花期长；花洁白、喉部和花色淡红，配色柔美。有淡香。

H. pauciflorum S. Q. Tong **少花姜花**

识别要点｜植株高70～90厘米。叶舌长约4毫米。叶片狭椭圆形，两面无毛。花序稀疏少花，长9～13厘米；苞片卷筒状。侧生退化雄蕊极狭披针形，宽约2毫米，唇瓣狭长圆形，深裂达基部，花药长约5毫米。花期7—8月。

分布｜我国云南。

特点｜叶片薄，株体姿态飘逸；花序上苞片少，花冠管长，花小而纤细，属纤瘦风格。花略香。

H. puerense Y. Y. Zhu 普洱姜花

识别要点｜植株高140～200厘米。叶舌长1.8～3.8厘米，密被长柔毛。叶片椭圆状披针形或长圆状披针形，叶背被长柔毛。花序长25～50厘米；苞片卷筒状，每苞片约6朵花。侧生退化雄蕊宽约2毫米，雄蕊长于唇瓣，花药长1～1.5厘米。

分布｜我国云南、广西和福建。

特点｜植株高大、健壮；苞片大且排列整齐；花冠裂片长，常卷曲，富动感；花丝长而挺拔；花小，花量感小，但花序大而显。

H. roxburghii Blume

RBGE引种编号 | 20070753 A

识别要点 | 植株高至210厘米，须根肉质而发达。叶舌长约3厘米，被毛。叶片狭长圆形，下面被毛。花序轴长约40厘米；苞片卷筒状，每苞片3～4朵花。侧生退化雄蕊宽约6毫米，雄蕊长于唇瓣，花药长约7毫米。

分布 | 印度尼西亚爪哇岛、小巽他群岛。

特点 | 近似毛姜花，但苞片绿，花冠管较长，花丝较短。

H. simaoense Y. Y. Qian 思茅姜花

　　识别要点｜植株高160～220厘米。叶片披针形。花序长30～40厘米；苞片卷筒状，每苞片2～4朵花。侧生退化雄蕊宽约2毫米，雄蕊长于唇瓣，花药长约10毫米。花期8—10月。

　　分布｜我国云南。

　　特点｜花白色、喉部红色，花序大而显，花枝率高。

H. sinoaureum Stapf. 小花姜花

识别要点 | 植株高60～90厘米。叶舌长5～10毫米，膜质。叶片披针形，两面无毛。穗状花序密生多花，长10～20厘米；苞片长圆形，卷筒状，每苞片1朵花。侧生退化雄蕊长约8毫米，雄蕊长于唇瓣，花药长5～6毫米。

分布 | 我国云南、西藏，海拔1800米以上地区。印度、尼泊尔。

特点 | 植株矮小，花色明黄，较艳丽；花小，但花量感强。略香。

H. speciosum Wall.

RBGE引种编号｜19260406

识别要点｜植株高可达220厘米。叶舌长约3.3厘米，无毛。叶片狭长圆形，无毛。花序轴长约40厘米；苞片卷筒状，每苞片2朵花。侧生退化雄蕊宽约7毫米，雄蕊长于唇瓣，花药长约10毫米。

分布｜印度西部和泰国。

特点｜植株高大挺拔，花明黄色，点缀鲜红的花丝，花序超大型，花量感强，花序显。略香。

H. speciosum（左）和*H. gardnerianum*（右）

H. spicatum var. *acuminatum*（Rosc.）Wall. **疏花草果药**

识别要点 | 植株高100～140厘米。叶舌长约3厘米。叶片狭长圆形，中脉下面疏生长柔毛。花序轴长10～15厘米；苞片卷筒状，每苞片1朵花。侧生退化雄蕊宽约4毫米，唇瓣较宽，约3厘米，雄蕊明显短于唇瓣，花药长约1.3厘米。花期6—7月。

分布 | 我国云南、四川、西藏。印度东北部、尼泊尔、缅甸、越南、老挝。

特点 | 株型圆整，叶片宽大、翠绿，花白色、喉部黄红色，花序显。

H. spicatum var. *spicatum* Sm. 草果药

识别要点｜植株高100～140厘米。叶舌长约1厘米。叶片宽披针形，叶背被长柔毛。花序轴长20～30厘米；苞片卷筒状，每苞片1朵花。侧生退化雄蕊宽约2毫米，唇瓣较窄，约2厘米，雄蕊较唇瓣略短，花药长约11毫米。花期8—9月。

分布｜我国云南、西藏、四川。印度东北部、尼泊尔、缅甸、越南、老挝。

特点｜植株和叶片直立性强；花白色、喉部黄红色，配色明亮；唇瓣长而大，花丝短、侧生退化雄蕊窄而不明显，姿态似头小、脖子短而身子大的鸟；苞片多，花序长而显。略香。

H. stenopetalum G. Lodd.

RBGE引种编号 | 20111060 A

识别要点 | 植株高至240厘米。叶舌长约5厘米，被毛。叶片披针形，叶背被褐色毛。花序轴长约30厘米；苞片卷筒状，每苞片约4朵花。侧生退化雄蕊宽约4毫米，雄蕊远长于唇瓣，花药长约10毫米。

分布 | 不丹、印度东北部、缅甸、越南、老挝。

特点 | 与普洱姜花近似。

H. tengchongense Y. B. Luo 腾冲姜花

识别要点 | 植株高100 ～ 140厘米。叶舌长约1.5厘米，无毛。叶片长圆形或狭椭圆形，两面无毛。穗状花序密集多花，长达24厘米；苞片卷筒状、短小，每苞片1朵花。侧生退化雄蕊线形，长约3.5厘米，雄蕊长于唇瓣，花药长约8毫米。花期6—7月。

分布 | 我国云南。

特点 | 植株中等高，叶片大；小花纤细，雄蕊长而突出；花明黄色，开花整齐度高，单花序花期短；花量感强，花序大而显。略香。

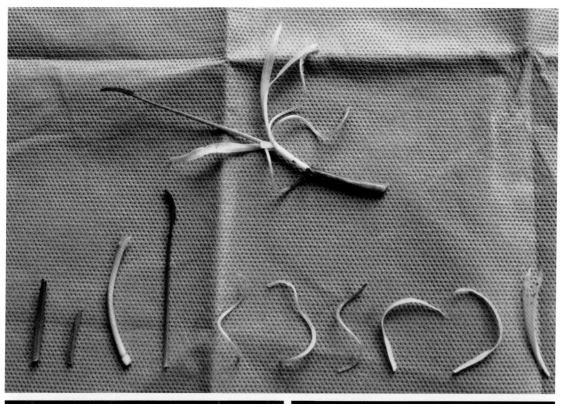

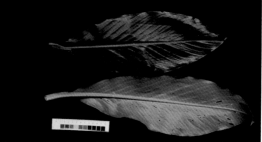

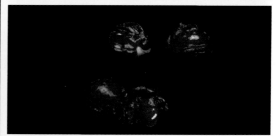

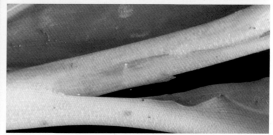

H. thyrsiforme Sm.

RBGE引种编号 | 19825041

识别要点 | 植株高200～220厘米。叶舌长5.5～5.8厘米，被毛。叶片宽椭圆形，叶背被毛。花序椭圆形，长15～18厘米；苞片卷筒状，无毛，每苞片2～4朵花。侧生退化雄蕊宽约2毫米，雄蕊长于唇瓣，花药长9～10毫米。

分布 | 孟加拉国、不丹、尼泊尔、印度东部和北部海拔600～1800米的地区。

特点 | 植株大型，花白色、小，唇瓣纤细，花丝长而突出，花序呈椭球状、丰满、花量感强烈，花序显。

H. villosum var. *tenuiflorum* Wall. 小毛姜花

识别要点 | 植株高80～100厘米。叶舌长2.5～4.5厘米。叶片披针形，两面无毛。花序长约10厘米；苞片卷筒状，每苞片3朵花。侧生退化雄蕊宽4～5毫米，雄蕊长于唇瓣，花药长2～3毫米。花期12月。

分布 | 我国云南、广西。

特点 | 植株较矮，纤细；花序红色与白色相间。

H. villosum var. *villosum* Wall. 毛姜花

识别要点 | 植株高100～150厘米。叶舌披针形，长3.5～5厘米。叶片长圆形或长圆状披针形，无毛。花序密生多花，长15～25厘米；苞片卷筒状，被棕色绢毛，每苞片2～3朵花。侧生退化雄蕊宽约2毫米，雄蕊长于唇瓣，花药长2～3毫米。花期3—4月。

分布 | 我国西藏、云南、广西、海南。

特点 | 植株中等，叶片革质；花序红色与白色相间、丰满、花量感强、显。

H. viridibracteatum X. Hu 绿苞姜花

识别要点｜植株高80～110厘米。叶舌长1.8～2.3厘米。叶片椭圆形，两面无毛。花序长10～15厘米；苞片卷筒状，每苞片2～4朵花。侧生退化雄蕊宽1.2～1.4毫米，雄蕊远长于唇瓣，花药长3.5～4毫米。花期9—12月。

分布｜我国广西那坡、靖西。

特点｜植株较矮，中下部叶片叶背紫色；苞片绿、花纯白，色调清新，花量感强、花序显。略香。

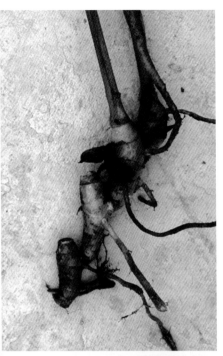

H. wardii C. E. C. Fisch. 无丝姜花

RBGE引种编号｜20042039 B

识别要点｜植株高120～200厘米。叶舌长0.5～1.5厘米。叶片长圆状披针形，叶背被柔毛。花序长15～20厘米；苞片覆瓦状排列，每苞片2～4朵花。侧生退化雄蕊宽10～11毫米，唇瓣远长于雄蕊，花药长7～8毫米。

分布｜我国云南怒江、西藏。尼泊尔、印度东北部。

特点｜植株高大，花大，小花的鲜黄色与苞片和叶片的翠绿色相衬，明艳动人。略香。

H. ximengense Y. Y. Qian **西盟姜花**

识别要点 | 植株高140～180厘米。叶舌长2～3厘米，被毛。叶片椭圆状披针形或披针形，下面被毛。花序长12～30厘米；苞片卷筒状或覆瓦状，每苞片3～5朵花。侧生退化雄蕊宽约5毫米，唇瓣长于雄蕊，花药长9～10毫米。花期7—9月。

分布 | 我国云南。

特点 | 植株较为高大，花洁白、花序显。芳香。

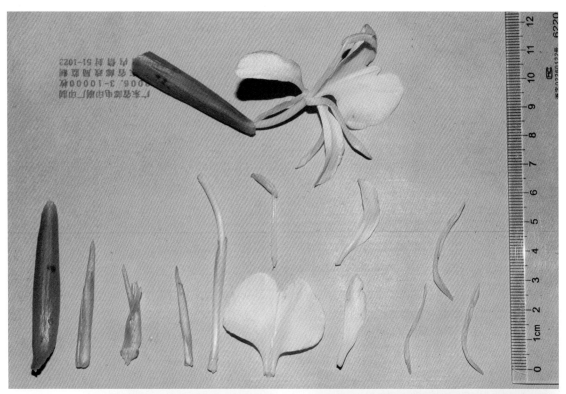

H. yungjiangense S. Q. Tong **盈江姜花**

识别要点｜植株高60～100厘米。叶舌长1.8～2.2厘米。叶片披针形，叶背主脉被淡褐色短柔毛。花序长7～10厘米；苞片呈疏松的覆瓦状，每苞片2～4朵花。侧生退化雄蕊宽约4毫米，花丝与唇瓣近等长，花药长6～7毫米。花期7月。

分布｜我国云南。

特点｜植株较矮，苞片为鱼鳞状，十分特别。

H. yunnanense Gagnep. **滇姜花**

识别要点 | 植株高100～120厘米。叶舌长1.5～2.5厘米，无毛。叶片椭圆形或狭椭圆状披针形，两面无毛。花序长约20厘米；苞片卷筒状，每苞片1朵花。侧生退化雄蕊宽约2毫米，雄蕊长于唇瓣，花药长10～15毫米。花期7—9月。

分布 | 我国云南、西藏。

特点 | 植株中等高，花量感强、花序显。

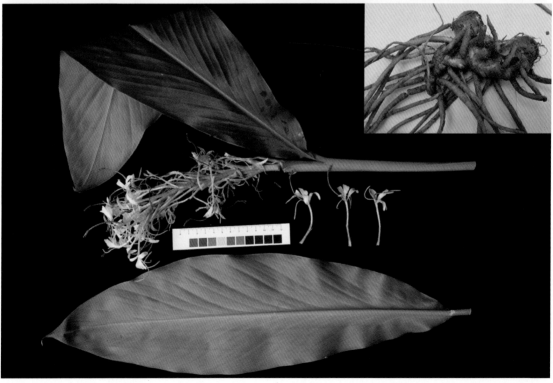

第五章
姜花属的品种

一、育种历史

两百多年前，随着欧洲各国的崛起、强盛和扩张，全世界的植物资源不断向欧洲汇集。园艺学家通过在世界范围内的引种而开展育种工作，创造了繁荣的观赏园艺。最早的姜花属人工杂交种由 Dublin Glasnevin 植物园的 F. W. Moore 于 1900 年育成，且获得了"英国皇家园艺展"的一等奖，令人遗憾的是这个杂交后代已经失传了。1941 年，Raffill 育成的一个杂交后代获得了"英国皇家园艺学会功勋奖"，这个品种在英国爱丁堡皇家植物园（RBGE）有活体保存。20 世纪 50 年代初，锡金（现已并入印度）的 Pradhan 育成了 4 个杂交后代。这些杂交后代和姜花属的野生种一起由美国农业部引种至美国，进而在欧洲各国流传开来。

20 世纪 60 年代末至 70 年代初，日本人 Jitsuichi Toyama 育成了超过 37 个杂交后代。这些杂交后代由 Jack Craig 引种至美国的夏威夷、加利福尼亚、得克萨斯和路易斯安那。

从 1981 年开始，美国的 Thomas Wood 选育了大约 30 个杂交后代。这些杂交品种由一些园艺公司进行了公开销售，比如 Wayside Gardens、Stokes Tropicals、Plant Delights 和 Brent & Becky's Bulbs。

从 20 世纪 90 年代开始，佐治亚大学从事洋葱育种的退休教授 Doyle Smittle 育成了超过 15 个以 'Tai' 为前缀的杂交后代。除此之外，Moy、Dave Case、Larry Shatzer 和 Robert Hirano 也各自育成了几个杂交后代，这些杂交后代都被广泛地繁殖。

2004 年，我国台湾地区以白姜花为亲本进行了杂交育种，育成了'高雄 6 号'和'高雄 7 号'。在大陆地区，熊友华等（2006）采用观赏性强的金姜花（H. 'Woodlander'）和芳香性及耐寒性好的白姜花进行正反交，在生长势方面表现出明显的杂种优势。高丽霞（2008）通过种间杂交育种筛选出具有浓郁桂花香味的后代。但直到 2016 年才由广东省农作物品种审定委员会首次官方登记了第一个品种'渐变'姜花，它由仲恺农业工程学院育成。随后审定了由仲恺农业工程学院和广州普邦园林股份有限公司育成的'黄金 1 号'姜花和'橙心'姜花、由华南农业大学育成的'彩霞'姜花和'晨光'姜花、由仲恺农业工程学院育成的'寒月'姜花。这些品种多为切花品种。2021 年，仲恺农业工程学院针对园林应用的特点育成了花期长、群体观赏效果好的品种——'荣耀'姜花和'华瑶'姜花。

二、多样化的育种目标

受到社会经济和文化背景、气候特点、应用方式的影响，姜花的育种目标在不同的国家和地区有一些共同点，但也存在一些差异。共同点表现在：花期尽可能长，且尽可能早开花，对一些生长季节较短的地区而言，早开花的种类更受欢迎；花序尽可能大，并且花序上、中、下部不同苞片的开花较为同步，以获得尽可能显著的观赏效果，如果上下不同步，在同一部位能够整齐开放也是不错的，比如 *H. ellipticum* 和 *H. thyrsiforme*；选育单花序花期尽可能长的类型；选育不同香型和浓郁程度的品种。差异表现在：欧美国家育成的品种花色多具有较高的饱和度，日本育成的品种则以清淡柔和的色彩为主。对欧洲地区来讲，姜花属植物多种植在温室里，而家庭的温室都较小，因而比较喜欢适宜盆栽的矮小类型。但在我国岭南地区，姜花目前主要用作切花，因而需要有长而直立的叶茎，以便于后期根据需要对茎干进行剪切。Tom Wood 认为匍匐的类型在规则式的欧美园林中不太适用并且需要额外的维护，但在中式园林中，叶茎略为弯曲的种类可以营造动感的线条。对单花的大小而言，作为切花使用时，大花的类型常常受到喜爱，但作为园林应用时，由于视距较远，姜花的观赏性主要通过花序的显著度来呈现，一些单花较小的类型拥有大而丰满的花序，观赏效果也很好，如红姜花、碧江姜花、思茅姜花。在品种选育时应根据不同的应用方式，有针对性地选育。

在我国，白姜花（*H. coronarium*）主要用作切花，是岭南地区的特色切花，有明确记载的栽培始自清朝末期。根据调查，传统的姜花切花消费者有着特定的审美标准和消费习惯。第一，消费者对香气要求很高，色艳但不香或香气不显著的品种不会被购买。第二，花大的品种更受消费者青睐。花朵的大不仅仅意味着开放后很显著，更在于它在花苞状态时显得挺拔而饱满。如果花太小，花苞就十分尖削。第三，在香气不低于白姜花的基础上，要求切花在各个时期的整体形态比较规整。有经营者称，金姜花未能被消费者接受的原因除了花不够香、花小、瓶插条件下花朵持续开放能力低之外，还因为其花序在蕾期不具备白姜花像棒槌一样的造型美（图5-1）。综合以上原因，目前仍未有理想的品种能替代白姜花。

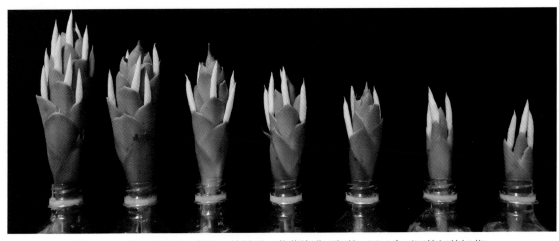

图5-1　白姜花的花序在蕾期呈棒槌形，花蕾饱满而挺拔（图示为不同等级的切花）

三、品种性状观测指南及说明

随着姜花属植物园艺化程度的提高，品种将会越来越多，选择那些有助于品种的识别和鉴定的性状进行观测，对新品种的登记、登录、评定、审定十分重要。本书以2016年我们向广东省农作物品种审定委员会提交的新品种登记文本为基础，结合2020年农业农村部公布的行业标准《植物品种特异性（可区别性）、一致性和稳定性测试指南姜花属》（NY/T 3723—2020），按性状的不同类别进行阐述。不同的应用场景（切花、园林、食品和工业）在性状选择上略有不同，但最核心的部分都是准确识别。本书首先介绍切花和园林应用品种需要共同观测的性状，再结合不同应用场景标识需要分别观测的性状。

姜花属的品种观测性状可分为五大类：生育期性状、形态特征性状、观赏性性状、产量性状和抗逆性性状。有些性状既是形态特征性状，又是观赏性性状，如与花序和小花有关的性状。有些观赏性性状则需要多个指标共同反映。五类性状综合起来共61个项目（表5-1），育种者可根据不同的育种目标进行选择（图5-2至图5-8）。

（1）生育期性状

生育期包括花前生长期、单花序花期和群体花期。花前生长期指的是从第一枝叶茎萌发到第一朵花开放的时间，反映了品种从定植到开花的时间。单花序花期是指单个花序第一朵花开放到最后一朵花萎蔫的天数，单花序花期长的品种具有更高的观赏价值，这一指标对以园林应用为目标的品种比较重要。群体花期指的是参试群体第一个花序盛开至最后一个花序萎蔫的天数。这一性状在切花生产中意味着更长的市场供应期，在园林应用中也意味着群体观赏价值的提高。

（2）形态特征性状

综合国内外的种和品种的形态分类特征，以下性状是准确识别的关键特征：根茎粗度，叶茎长度，叶舌长度，叶片形态，叶背绒毛，花序的形态、长度、宽度，每苞片小花数，苞片的形态、颜色、长度，香气的浓淡，花冠管的颜色和长度，花冠裂片的形态、颜色和长度，侧生退化雄蕊的形态、颜色、长度和宽度，唇瓣的形态、长度、宽度，唇瓣裂的深度，唇瓣对折的角度，唇瓣瓣柄的长度，花丝的颜色和长度，花药的颜色和长度。

（3）观赏性性状

在观赏性性状中，大部分性状可以直接描述，少数性状则需要综合花序的大小和配色、花量感和叶片的直立性等来确定，如花序显著度。

株高：指花序顶端至地面的垂直距离。姜花的种和品种或多或少都不完全直立，株高并不一定是叶茎长度与花序长度的叠加。切花品种要求叶茎具有良好的直立性，而略微倾斜的叶茎使得植株整体更富线条感和动感，在园林应用中具有独特的魅力。测定花序顶端至地面的垂直距离能间接地反映叶茎倾斜角度，具有重要的实际意义。

叶茎的直立性、长度、粗度和硬度：这一类性状主要用于切花品种的选育和观测。商品性的姜花切花对叶茎的直立性、长度、粗度有一定要求，如果叶茎不够直立，由于花序具有背地性生长的特性，花序于叶茎之间就会成0°～180°，整个花枝会弯曲，在销售时商品性就会降低。硬度与品种的抗倒伏性有关。白姜花的抗倒伏性较弱，在广东的姜花切花产区，如遇较大的台风会整片倒伏，选育抗台风的品种具有实际的生产意义。'寒月'姜花的叶茎硬度明显强于白姜花，具有非常好的抗台风能力。

小花的形态风格：在近距离观赏时，小花的花形、色彩和纹理具有很强的观赏性，这无论对切花品种还是园林应用型品种都是重要的。这一性状主要由花冠管、花冠裂片、唇瓣、侧生退化雄蕊、花丝和雄蕊的形态、颜色和质感决定。其中唇瓣基部的瓣柄影响着唇瓣的形态，侧生退化雄蕊的宽窄影响着小花的整体风格，唇瓣左右两半对折的角度影响着唇瓣的立体感，这三个性状虽然微小，但对品种识别及小花的风格影响很大，应注意观测。

花量感：花量感决定于花序的大小、开花的整齐度，还决定于苞片于小花盛放时的长度比。有的品种花比较小，但花序大、开花整齐度高且苞片短，则花序的整体花量感非常好。因此，在选育时没有必要一味追求大花的品种。

开花的整齐度：指花序盛花期同时开花的花朵数占苞片数的百分比。这一性状影响着花序的显著度及整个花序的花量感。

花序的显著度：这一性状主要指的是园林应用型品种，这是一个综合性指标，主要决定于花序的大小和颜色、开花整齐度、叶片的直立性（叶片与叶茎的夹角）。

香型、浓淡及持久性：香型和香气是姜花属植物的重要特征，目前观测到的香型主要包括栀子花香型（白姜花和黄姜花）、蜜兰香型（勐海姜花）、蜜桃香型（一些杂交后代）、奶香型（一些杂交后代）和桂花香型（一些杂交后代）。从持久性上讲，勐海姜花及其杂交后代的持久性非常出色。

瓶插期：这一性状主要针对切花品种而言。瓶插期除了与品种有关，还决定于环境温度。温度高于30℃或低于20℃，姜花的小花常不能正常开放，或开放进程减缓。不同的品种略有不同。

（4）产量性状

主要表现为每丛植株抽生的花序数量，这一性状反映了在一定气候条件下不同品种的适应能力。在栽培条件适宜的情况下，每一枝叶茎都应抽生花序，未能抽生花序的通常是因为叶茎生长到一定程度时停止了发育。在不同品种间，每花序的产花量也是不同的，这主要反映在小花的大小、每苞片的小花数量和每花序的苞片数上。这一性状在以食用和工业用为栽培目的时具有重要意义。

（5）抗逆性性状

抗逆性包括抗病（姜瘟病）性、抗倒伏性、耐寒性、耐热性、耐旱性和耐涝性。抗病性采用抽样调查的方式进行。其他抗逆性的测定通过观察参试品种在各试验点生长发育期间非生物环境因素对其生长发育的影响，综合判断其抗倒伏性、耐寒性、耐热性、耐旱性和耐涝性。环境因素包括栽培措施和特殊天气条件，如台风、旱涝、极端高温和极端低温等。

表5-1　品种性状调查项目及测定方法

性状			调查项目	测定方法	备注
生育期			（1）花前生长期	春季第一枝叶茎萌发到第一朵花开放的时间，挂牌定点观测	
			（2）单花序花期	单个花序第一朵花开放到最后一朵花萎蔫的天数，挂牌定点观测	园林应用型
			（3）群体花期	第一个花序盛开至最后一个花序萎蔫的天数，挂牌定点观测	
形态特征	植株		（4）株高	花序顶端至地面的垂直距离，卷尺测量，精确至厘米	
	茎		（5）根茎粗度	游标卡尺测量，精确至毫米	
			（6）叶茎长度	花序基部至根茎顶端的距离，卷尺测量，精确至厘米	切花型
			（7）叶茎粗度	游标卡尺测量，精确至毫米	切花型
			（8）叶茎的直立性	测定花序与叶茎之间的夹角，越接近180°直立性越好。量角尺测定	
	叶		（9）开花叶茎的叶片数	计数	
			（10）叶舌长度	游标卡尺测量，精确至毫米	
			（11）叶片形态	按植物学术语描述	
			（12）叶背绒毛	按植物学术语描述	
			（13）叶片长度	卷尺测量，精确至厘米	
			（14）叶片宽度	卷尺测量，精确至厘米	
	花序		（15）花序形态	按植物学术语描述	
			（16）花序长度	卷尺测量，精确至厘米	
			（17）花序宽度	卷尺测量，精确至厘米	
	苞片		（18）苞片排列紧密度	以白姜花（紧密）、肉红姜花（较紧密）、普洱姜花（疏离）的苞片排列紧密度为参照	
			（19）单花序苞片数	计数	
			（20）每苞片小花数	计数	
			（21）苞片形态	按植物学术语描述	
			（22）苞片颜色	色差仪结合RHS比色卡测定	
			（23）苞片长度	游标卡尺测量，精确至毫米	
	香气		（24）香型	感官测定	
			（25）香气的浓淡	感官测定	
			（26）香气的持久性	感官测定	
	小花		（27）配色	唇瓣和侧生退化雄蕊的底色+喉部颜色，色差仪结合RHS比色卡测定，以思茅姜花为例，配色为"白/紫红色"	
			（28）长度	花冠管长度+雄蕊长度	
			（29）宽度	唇瓣的长度	

（续表）

性状		调查项目	测定方法	备注
形态特征	花冠	（30）花冠管颜色	色差仪结合RHS比色卡测定	
		（31）花冠管长度	游标卡尺测量，精确至毫米	
		（32）花冠裂片的形态	按植物学术语描述	
		（33）花冠裂片的颜色	色差仪结合RHS比色卡测定	
		（34）花冠裂片的长度	游标卡尺测量，精确至毫米	
	侧生退化雄蕊	（35）侧生退化雄蕊的形态	按植物学术语描述	
		（36）侧生退化雄蕊的颜色	色差仪结合RHS比色卡测定	
		（37）侧生退化雄蕊的长度	游标卡尺测量，精确至毫米	
		（38）侧生退化雄蕊的宽度	游标卡尺测量，精确至毫米	
	唇瓣	（39）唇瓣形态	按植物学术语描述，不包括瓣柄	
		（40）唇瓣颜色	色差仪结合RHS比色卡测定	
		（41）唇瓣长度	游标卡尺测量，精确至毫米	
		（42）唇瓣宽度	游标卡尺测量，精确至毫米	
		（43）唇瓣裂的深度	游标卡尺测量，精确至毫米	
		（44）唇瓣对折的角度	量角尺测定	
		（45）唇瓣瓣柄的长度	游标卡尺测量，精确至毫米	
		（46）喉斑大小	喉斑面积占唇瓣面积的比例	
	雄蕊	（47）花丝颜色	色差仪结合RHS比色卡测定	
		（48）花丝长度	游标卡尺测量，精确至毫米	
		（49）花药颜色	色差仪结合RHS比色卡测定	
		（50）花药长度	游标卡尺测量，精确至毫米	
观赏性		（51）花量感	花苞片的体积占花序体积的百分比，比例越大花量感越小	
		（52）开花的整齐度	盛花状态下有花开放的苞片数占总苞片数的百分比	
		（53）瓶插期	清水，25℃条件下观测	切花型
产量		（54）花枝率	定植一年后开花的叶茎数占总叶茎数的比例	
		（55）鲜花产量（每丛）	定植一年后测定。每丛花枝率×每花序苞片数×每苞片小花数×单朵小花的质量	食用和工业用
抗逆性		（56）抗病性	取样（10株）调查，计算发病率	
		（57）抗倒伏性	在极端天气情况下调查	
		（58）耐寒性	在极端天气情况下调查	
		（59）耐热性	在极端天气情况下调查	
		（60）耐旱性	在极端天气情况下调查	
		（61）耐涝性	在极端天气情况下调查	

A．*H.* 'Horse Feathers'；B．*H. glabrum*；C．*H.* 'Ess Gee'。

图5-2　小花花形纤瘦的种或品种

A．*H. hasseltii*；B．*H. spicatum* var. *acuminatum*；C．*H.* 'Luna Moth'。

图5-3　花丝短的种或品种

A. *H.* 'Tai Savannah'；B. *H.* 'Mammoth'；C. *H.* 'Monarch'；D. *H.* 'Palludosum'；E. *H.* 'Tai Alpha'。

图5-4　侧生退化雄蕊的由窄变宽

A. *H.* spp.；B. *H.* 'Golden Helmt'；C. *H.* 'Kanogie'。

图5-5　侧生退化雄蕊宽的品种

A. *H. convexum*；B. *H. tengchongense*；C. *H.* 'Sikkim Yellow'；D. *H. thyrsiforme*；
E. *H. flavescens*；F. *H. coronarium*。

图5-6 花量感强的种或品种

A. *H. kwangsiense*，红褐色的苞片；B. *H.* 'White Starburst'，鱼鳞状的苞片；C. *H.* spp.，手指状的花蕾。

图5-7 多样化观赏特点

A. *H. densiflorum*；B. *H. simaoense*；C. *H. gardnerianum*；D. *H. speciosum*；
E. *H.* 'Tai Alpha'；F. *H. spicatum* var. *spicatum*。

图5-8　开花整齐度高（ABD）与开花整齐度低（CE）的种或品种

四、分品种描述

H. 'Ann Bishop'

识别要点 | 植株高200厘米以上。叶舌长约2.5厘米，无毛。叶片长圆形。花序轴长约27厘米；苞片卷筒状，每苞片约2朵花。侧生退化雄蕊宽约10毫米，雄蕊长于唇瓣，花药长约10毫米。

特点 | 植株高大、健壮，叶片宽；苞片密集，花深金黄色至杏色，喉部颜色更深，花丝橙红色，花序大而显著。可能是 *H. gardnerianum* 的后代。

H. ‘Beni Sakigake’

识别要点｜植株高200厘米以上。叶片长披针形。花序轴长约19厘米；苞片卷筒状，每苞片约4朵花。侧生退化雄蕊宽约6毫米，雄蕊远长于唇瓣，花药长约10毫米。

特点｜植株高大，花序长、苞片多，花色橙红，花序显。

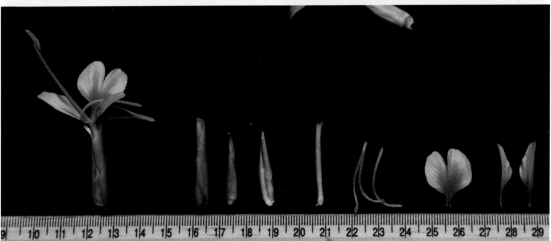

H. 'Betty Ho'

识别要点 | 植株高至210厘米。叶片长圆形。花序轴长约30厘米；苞片卷筒状，每苞片约2朵花。侧生退化雄蕊宽约12毫米，雄蕊长于唇瓣，花药长约13毫米。

特点 | 植株高大，花序长而大；苞片卷筒状，中下部花先开；花淡黄色，侧生退化雄蕊宽，唇瓣大而圆，喉部颜色与花丝一致，呈火红的橙色，十分显著。可能是*H. gardnerianum*的后代。

H. 'Bright Yellow'

识别要点 | 植株高至150厘米。叶片狭卵形。花序轴长约26厘米；苞片卷筒状，每苞片约2朵花。侧生退化雄蕊宽约11毫米，雄蕊长于唇瓣，花药长约13毫米。

特点 | 与Betty Ho相比，花序上的花开花同步性较强，叶片较宽，花色较浅。可能是 *H. gardnerianum* 的后代。

H. 'C. P. Raffill'

识别要点 | 植株高200厘米以上。叶片长披针形。花序轴长约34厘米；苞片卷筒状，每苞片约4朵花。侧生退化雄蕊宽约6毫米，雄蕊远长于唇瓣，花药长约9毫米。8—9月开花。

特点 | 亲本为 *H. gardnerianum* 和 *H. coccineum*，由 Dan Hinkley 育成，为纪念 Charles Raffill 而命名。植株被蜡质，坚硬，叶片蓝色，继承了 *H. gardnerianum* 的特点。花序大；花冠管与苞片近等长；花冠裂片长于唇瓣；唇瓣圆形，侧生退化雄蕊窄，有柄，颜色深杏色，喉部为橙色、明显分叉。

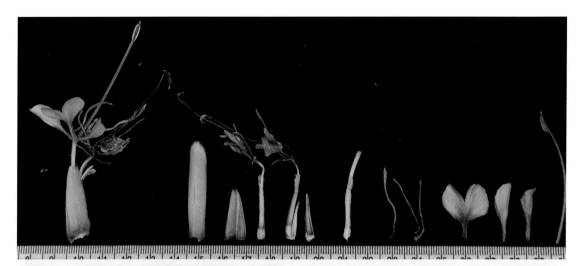

H. 'Devon Cream'

识别要点 | 植株高200厘米以上。叶片狭椭圆形。花序轴长约24厘米；苞片卷筒状，每苞片约2朵花。侧生退化雄蕊宽约11毫米，雄蕊长于唇瓣，花药长约10毫米。

特点 | 植株高大、直立性强，花淡黄色、花量感强，花序显。可能是 *H. gardnerianum* 和 *H. coronarium* 的杂交种。

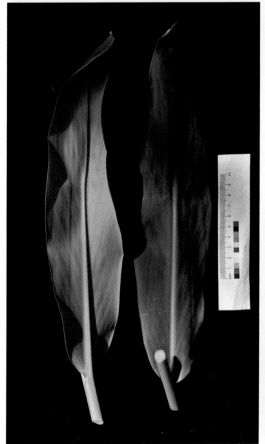

H. 'Double Eagle'

识别要点 │ 植株高至180厘米。叶片披针形。花序轴长约15厘米；苞片卷筒状，每苞片约4朵花。侧生退化雄蕊宽约12毫米，雄蕊长于唇瓣，花药长约10毫米。

特点 │ 植株直立性强，花大、花量感强，花色肉红、鲜艳，花序显。由Tom Wood育成。

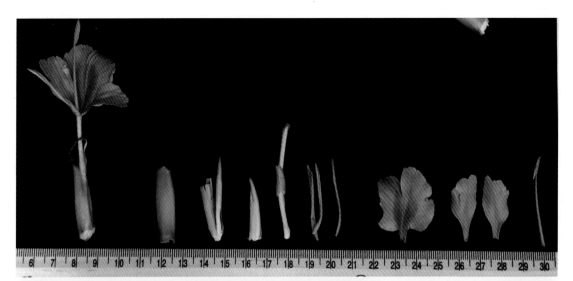

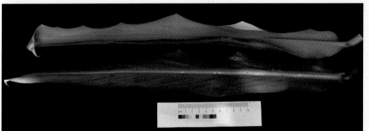

H. 'Dynasty'

识别要点｜植株高至200厘米。叶舌长约4厘米，无毛。叶片披针形，下面被毛。花序轴长约20厘米；苞片卷筒状，每苞片约3朵花。侧生退化雄蕊宽约2毫米，雄蕊远长于唇瓣，花药长约7毫米。

特点｜植株高大直立，叶片窄，苞片短小、排列疏离，花小，纤瘦风格。

H. 'En Rui'

识别要点 │ 植株高至200厘米。叶片披针形，叶背中脉处被毛。花序轴长约14厘米；苞片覆瓦状，每苞片约3朵花。侧生退化雄蕊宽约15毫米，雄蕊几等长于唇瓣，花药长约13毫米。

特点 │ 花大，白色、喉部黄色，开花同步性高，花序显。

H. ‘Ess Gee’

识别要点│植株高至180厘米。叶片狭长圆形，下面被长柔毛。花序轴长约20厘米；苞片卷筒状，每苞片约3朵花。侧生退化雄蕊宽约2毫米，雄蕊长于唇瓣，花药长约7毫米。

特点│植株高大、直立性强，花色粉红至黄，小花纤细可爱。

H. 'Fourway'

识别要点 | 植株高至180厘米。叶片披针形，下面被毛。花序轴长约20厘米；苞片卷筒状，每苞片约3朵花。侧生退化雄蕊宽约9毫米，雄蕊长于唇瓣，花药长约11毫米。

特点 | 唇瓣深裂，与侧生退化雄蕊形成四分支，命名可能与此有关。

H. 'Frillywhite'（左）

识别要点 | 植株高至180厘米。叶舌被毛。叶片狭卵形，下面被毛。花序轴长约15厘米；苞片呈蓬松的卷筒状，每苞片2～4朵花。侧生退化雄蕊宽约2毫米，雄蕊长于唇瓣，花药长约9毫米。

特点 | 与*H. thyrsiforme*接近。

H. 'Gahili'

识别要点｜植株高至150厘米。叶舌长约1.8厘米。叶片披针形，下面被毛。穗状花序长约9厘米，桃红色；苞片覆瓦状，每苞片约2～4朵花。唇瓣又大又圆，喉斑橙红色，侧生退化雄蕊宽约8毫米，雄蕊长于唇瓣，花丝深红色，花药长约9毫米。

特点｜植株和叶片直立性强，花序粉橙色、饱满、开花整齐度高、显。

H. 'Garderianum Compactum'

识别要点｜植株高至120厘米。叶舌长约3厘米，无毛。叶片狭卵形，无毛。花序轴长约20厘米；苞片卷筒状，每苞片2朵花。侧生退化雄蕊宽约6毫米，雄蕊长于唇瓣，花药长约10毫米。

特点｜植株直立性强，花明黄色、开花整齐度高，叶片与叶茎夹角小，花序显。略香。

H. 'Golden Flame'

识别要点 | 植株高至220厘米。叶片披针形，无毛。花序轴长约10厘米；苞片下部覆瓦状，中上部卷筒状，每苞片3～5朵花。侧生退化雄蕊宽约12毫米，雄蕊几等长于唇瓣，花药长约12毫米。

特点 | 植株和叶片较直立，花白底黄喉，且喉部斑块长而大，花序显。中等香。由Tom Wood 育成。

H. 'Golden Glow'

识别要点 | 植株高至120厘米。叶舌长约2.5厘米，被毛。叶片披针形，下面被毛。花序轴长约7厘米；苞片下部覆瓦状、上部卷筒状，每苞片约2朵花。侧生退化雄蕊宽约7毫米，雄蕊略长于唇瓣，花药长约7毫米。

特点 | 植株和叶片直立性强，花橙红，唇瓣基部收窄，花序显。略香。由Tom Wood育成。

H. 'Golden Helmt'

识别要点｜植株高至200厘米。叶片狭长圆状，下面叶脉处被毛。花序轴长约23厘米；苞片卷筒状，每苞片约3朵花。侧生退化雄蕊宽约15毫米，雄蕊长于唇瓣，花药长约11毫米。

特点｜植株高大、直立性强，侧生退化雄蕊宽，花形圆润。

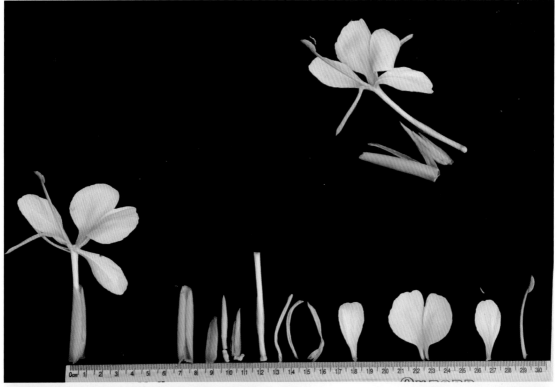

H. 'Golden Spot'（右）和 *H.* 'Golden Flame'（左）

识别要点｜植株高至180厘米。叶舌长约2厘米。叶片狭长圆形，下面被毛。花序轴长约8厘米；苞片下部覆瓦状、上部卷筒状，每苞片3～5朵花。侧生退化雄蕊宽约12毫米，雄蕊略长于唇瓣，花药长约12毫米。

特点｜与 *H.* 'Golden Flame' 近似。

H. 'Gradient' '渐变' 姜花

识别要点｜植株高至170厘米。花序长椭圆形；每苞片有小花3～5朵；栀子花香，中等浓度。侧生退化雄蕊长3～3.2厘米，宽约1厘米；花丝略长于唇瓣；花药长1.2厘米。花期6月下旬至10月上旬。

特点｜苞片卷筒状，在花序上排列紧密，小花随着开放进程由白色渐变为淡黄色；花中等大小，花冠管比苞片略长。母本为白姜花，父本为普洱姜花，由编者育成。

H. 'Guanghui' '光辉'姜花

识别要点 ｜ 平均株高159.2厘米。叶片长圆状披针形。花序长椭圆形，平均长21.8厘米；苞片卷筒状排列，每苞片有小花5.5朵；花白色、基部黄色。侧生退化雄蕊窄椭圆形，宽1.1厘米；雄蕊略长于唇瓣。具栀子花香味。花期6—12月。

特点 ｜ 植株强健，花量感强，花序显。香气怡人。耐旱。勐海姜花'MH-1'（*H. menghaiense* 'MH-1'）为母本，'寒月姜花'（*H.* 'Hanyue'）为父本，由编者育成。

H. 'Hanyue' '寒月' 姜花

识别要点｜平均株高134厘米。苞片上部卷筒状、下部覆瓦状，平均每苞片有小花6.5朵；花黄白色，栀子花香。侧生退化雄蕊长圆状披针形，平均长4厘米、宽1.7厘米；花丝黄色，长3.6厘米；花药黄色，长1.2厘米。花期全年。

特点｜与白姜花相比，植株较矮、叶茎较坚硬、花略小，群体花期长6个月。由编者育成。

H. 'Hongtiane' **'红天鹅'姜花**

识别要点 ｜ 平均株高142.9厘米。叶片窄长圆状披针形。花序平均长20.7厘米；花序平均有苞片16.7个，苞片卷筒状排列，长4.1厘米，每苞片平均有小花4.2朵。侧生退化雄蕊宽匙形，粉白色、基部橙红色，宽1.6厘米；花丝橙红色，长4.6厘米；花药红色，长1.2厘米。具淡栀子花香。花期6—12月。

特点 ｜ 植株直立性强，花色粉白，花量感大、花序显。具淡淡的香味。红姜花 'T-1'（*H. coccineum* 'T-1'）为母本，'寒月姜花'（*H.* 'Hanyue'）为父本，由编者育成。

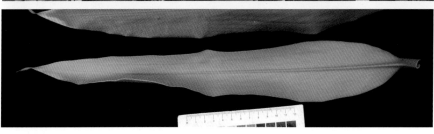

H. 'Horse Feathers'

识别要点｜植株高至160厘米。叶舌长约3厘米。叶片长圆状披针形。花序轴长约18厘米；苞片卷筒状，被褐色毛，每苞片约3朵花。侧生退化雄蕊宽约5毫米，雄蕊长于唇瓣，花药长约16毫米。

特点｜叶片宽，小花纤瘦似羽毛，风格别样。

H. 'Huayao' '华瑶' 姜花

识别要点 ｜ 平均株高190厘米。叶片长圆状披针形。花序长椭圆形；平均每苞片有小花4.4朵；花白色，具淡香。侧生退化雄蕊长3.3厘米、宽0.4厘米；花丝橙黄色，长3.8厘米，较唇瓣长约0.8厘米；花药红色，长1厘米。群体盛花期6月中旬至11月中旬。耐旱性较强。

特点 ｜ 植株高大，花序大而饱满，花量感强。勐海姜花 'MH-1'（*H. menghaiense* 'MH-1'）为母本，白姜花 'BJH-1'（*H. coronarium* 'BJH-1'）为父本，由编者育成。

H. 'Jungle Yellow'

识别要点｜叶舌长约2.5厘米，无毛。叶片狭长圆形。花序轴长约22厘米；苞片卷筒状，每苞片约2朵花。侧生退化雄蕊宽约12毫米，雄蕊长于唇瓣，花药长约11毫米。

特点｜与Ann Bishop相比，叶片较窄，花序较短、花较大。可能是 *H. gardnerianum* 的后代。

H. 'Jungle Yellow'（左）和 *H.* 'Ann Bishop'（右）

H. 'Kanogie'

识别要点 | 植株高至200厘米。叶舌长约3.5厘米，被毛。叶片披针形，两面被毛。花序轴长约18厘米；苞片覆瓦状，每苞片约3朵花。侧生退化雄蕊宽约14毫米，雄蕊长于唇瓣，花药长约10毫米。

特点 | 植株直立性强，侧生退化雄蕊宽，花橙黄色、艳丽、花序显著。

H. 'Khang Kai Tall Boy'

识别要点 | 植株高至240厘米。叶舌被毛。叶片披针形，下面被毛。花序轴长约13厘米；苞片覆瓦状，每苞片约4朵花。侧生退化雄蕊宽约12毫米，雄蕊与唇瓣略近等长，花药长约16毫米。

特点 | 植株高大，直立性强，小花喉部略粉黄色，十分雅致。

H. ‘Luna Moth’

识别要点｜植株高至150厘米。叶舌长约5厘米。叶片披针形或狭倒卵形，下面被毛。花序长约12厘米；苞片下部覆瓦状、中上部卷筒状，每苞片约3朵花。唇瓣宽，边缘卷曲，侧生退化雄蕊宽约15毫米，雄蕊短于唇瓣，花药长约15毫米。

特点｜花丝短，花冠管长，花形别致。由Tom Wood育成。

H. 'Moy Giant'

识别要点 | 植株高至200厘米。叶片披针形，下面被毛。花序轴长约11厘米；苞片覆瓦状，每苞片3～5朵花。侧生退化雄蕊宽约10毫米，雄蕊与唇瓣几等长，花药长约12毫米。

特点 | 植株高大，直立性强，喉部斑块大。由 Moy 育成。

H. '   Naghdara Pink '

识别要点 | 植株高至200厘米。叶舌长约2厘米。叶片狭长圆形，下面中脉处被毛。花序轴长约20厘米；苞片卷筒状，每苞片3～5朵花。侧生退化雄蕊宽约3毫米，雄蕊长于唇瓣，花药长约12毫米。

特点 | 小花唇瓣的瓣柄长，喉部粉色，花形纤细别致。

H. 'Naghdara Yellow'

识别要点 │ 植株高至180厘米。叶舌长约1.4厘米。叶片长圆状披针形。花序轴长约30厘米；苞片卷筒状，每苞片约3朵花。侧生退化雄蕊宽约4毫米，雄蕊长于唇瓣，花药长约10毫米。

特点 │ 植株直立性强，花序窄而长，唇瓣短、花丝长，花序显著度高。

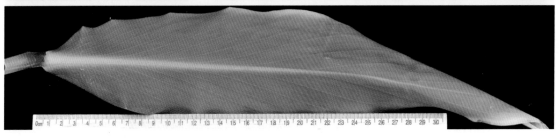

H. 'Nikasha Cho'

识别要点 | 植株高至180厘米。叶片披针形。苞片卷筒状。唇瓣淡黄色，喉部浅橙色，雄蕊橙红色。

特点 | 植株直立性强，小花艳丽，唇瓣圆润，观赏性好。

H. 'Oto Himi'

识别要点 | 植株高至180厘米。叶片披针形，下面中脉处被毛。花序轴长约12厘米；苞片卷筒状，每苞片约3朵花。侧生退化雄蕊宽约5毫米，雄蕊长于唇瓣，花药长约9毫米。

特点 | 植株直立性强，花形窄长，小花喉部红色斑块长而大、显著度高。由日本人育成。

H. 'Paksong'

识别要点 ｜ 植株高至180厘米。叶舌被毛。叶片狭长圆形，下面被毛。花序轴长约12厘米；苞片卷筒状，每苞片约3朵花。侧生退化雄蕊宽约5毫米，雄蕊长于唇瓣，花药长约13毫米。

特点 ｜ 植株高大、直立，花小、洁白、喉部染红，花序大而饱满，显著度高。

H. 'Pink'

识别要点 ｜ 植株高至200厘米。叶舌长约2.7厘米。叶片披针形。花序轴长约14厘米；花淡黄色到粉白色，苞片卷筒状，每苞片2～4朵花。

特点 ｜ 植株直立性强，小花粉白，喉部斑块大而长、红色，花量感强、显著度高。

H. ‘Pink Flame’

识别要点 ｜ 植株高至150厘米。叶舌长约3厘米。叶片披针形，下面被毛。花序长约11 厘米；苞片卷筒状，每苞片2～4朵花。侧生退化雄蕊宽约12毫米，雄蕊几等长于唇瓣，花药长约10毫米。

特点 ｜ 植株直立性强，唇瓣宽、喉部斑块橙黄色，花量感强，花序显。

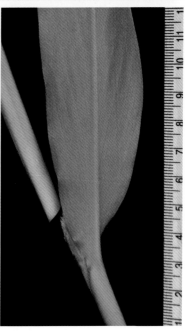

H. 'Pink Flame'（左或上）和 *H.* 'Cream'（右或下）

H. 'Cream' 识别要点 | 与 Pink Flame 相比，花序较大、小花较大，叶片较窄。

H. 'Pink Hawaii'

识别要点｜植株高至200厘米。叶舌长约2.7厘米。叶片披针形。花序轴长约14厘米；花淡粉色；苞片卷筒状，每苞片2～4朵花。

特点｜植株直立性强，唇瓣较Pink窄，花色偏粉，花序显。

H.‘Pradhannii’

识别要点｜ 植株高至240厘米。叶片披针形，无毛。花序轴长约24厘米；苞片卷筒状，每苞片约3朵花。侧生退化雄蕊宽约11毫米，雄蕊长于唇瓣，花药长约10毫米。

特点｜植株高大、直立性强，花序长，开花整齐度高。

H. 'Rongyao' '荣耀' 姜花

识别要点 ｜ 平均株高190厘米。叶片长圆状披针形。花序长椭圆形；平均每苞片有小花6.7朵；花白色，具淡香味。侧生退化雄蕊长圆状匙形，白色、基部略染红色，长4.5厘米、宽1.5厘米；花丝红色，长4.7厘米，较唇瓣长约0.7厘米；花药红色，长1.4厘米。群体盛花期6—11月。

特点 ｜ 植株高大，叶片宽，花大、喉部红。香气怡人。由编者育成。

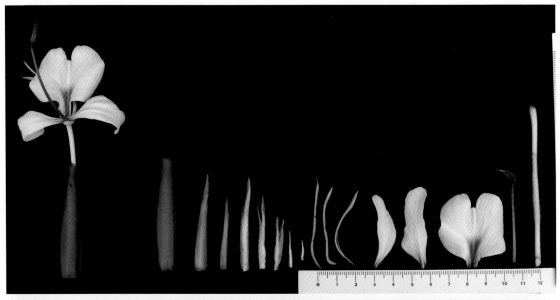

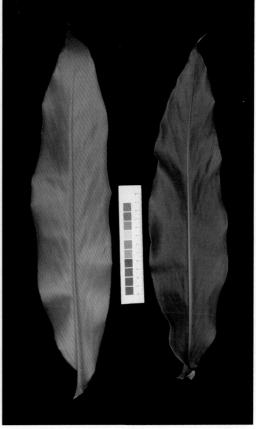

H. 'Sherry Baby'

识别要点 ｜ 植株高至180厘米。叶舌长约3厘米。叶片长圆状披针形。花序轴长约13厘米；花淡杏色，花蕾金色，冠管长于苞片2厘米；苞片卷筒状，每苞片约2朵花。唇瓣心形，顶端全缘或微凹，侧生退化雄蕊镰刀形，宽约10毫米，雄蕊长于唇瓣，花丝橙红色，花药长约12毫米。

特点 ｜ 植株直立性强，小花花形优雅，花量感强，花序显。

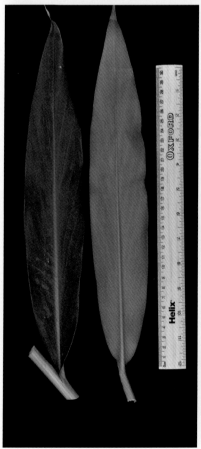

H. 'Sikkim Yellow'

识别要点 | 植株高至180厘米。叶片长圆形。花序长约21厘米；花金黄色；苞片卷筒状，每苞片约2朵花。侧生退化雄蕊宽约4毫米，雄蕊长于唇瓣，花药长约10毫米。

特点 | 植株直立性强，花色艳丽，花量感强，花序显。近 *H. gardnerianum*，但花冠管长出苞片许多，唇瓣较为狭长。

H. 'Tac Moto'

识别要点 | 植株高至180厘米。叶片披针形。花序轴长约9厘米；苞片覆瓦状，每苞片约2朵花；花大香浓，具有明亮的淡黄色。侧生退化雄蕊宽约10毫米，雄蕊突出，金黄色，长于唇瓣，唇瓣圆、顶端开裂，有一个深金黄色的斑块，花药长约10毫米。

特点 | 植株直立性强；花大香浓，具有明亮的金丝雀般的黄色。由Moto育成。

H. 'Tai Alpha'

识别要点 | 植株高至180厘米。叶舌长约3.4厘米，无毛。叶片长圆形。花序长20～30厘米；每苞片约2朵花，花淡黄色。侧生退化雄蕊宽约7毫米，雄蕊长于唇瓣，花药长约12毫米。

特点 | 植株直立性强，健壮；花色淡黄而柔和，花量感强。由佐治亚大学的退休教授Doyle Smittle育成。

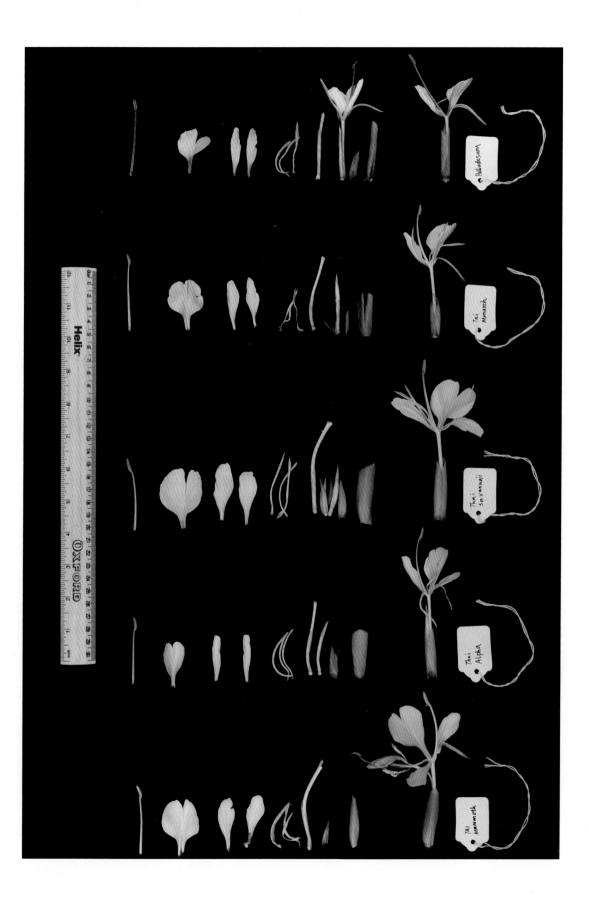

H. 'Tai Emperor'

识别要点 ｜ 植株高至180厘米。叶舌长约4.5厘米，被毛。叶片披针形，下面被长柔毛。花序长约16厘米；苞片卷筒状，每苞片约3朵花。唇瓣深裂，喉斑深粉红色，侧生退化雄蕊宽约7毫米，雄蕊略长于唇瓣，花丝深粉色，花药红色，长约12毫米。

特点 ｜ 植株直立性强，花色艳丽，花序显。由佐治亚大学的退休教授Doyle Smittle育成。

H. 'Tai Mammoth'

识别要点｜植株高至180厘米。叶舌长约3厘米，无毛。叶片狭长圆形。花序轴长约17厘米；每苞片约2朵花；花乳白色。侧生退化雄蕊宽约10毫米，雄蕊长于唇瓣，花药长约10毫米。

特点｜植株健壮，小花唇瓣圆润且瓣柄明显，侧生退化雄蕊呈基部收缩的宽椭圆形，十分可爱。由佐治亚大学的退休教授Doyle Smittle育成。

H.'Tai Monarch'

识别要点 | 植株高约150厘米。叶舌长约3.3厘米。叶片椭圆形。花序长约16厘米；苞片卷筒状，每苞片约2朵花。侧生退化雄蕊宽约11毫米，雄蕊长于唇瓣，花药长约10毫米。

特点 | 植株中等、健壮，叶片短宽，花密集、中等大小，唇瓣淡黄色，喉斑深黄色。由佐治亚大学的退休教授Doyle Smittle育成。

H. 'Tai Savannah'

识别要点｜植株高至180厘米。叶片宽阔光滑，深绿色。花序长约20厘米；苞片覆瓦状；花乳白色，喉部黄色。雄蕊淡橙色。

特点｜植株健壮，花大。由佐治亚大学的退休教授Doyle Smittle育成。

H. 'Tara'

识别要点 ｜ 植株高至200厘米。叶片披针形。花序长约20厘米；每苞片2朵花；花橙红色，香，中等大小。唇瓣二裂，侧生退化雄蕊窄，基部猩红色，花丝猩红而长。

特点 ｜ 这个品种是来自Tony Schilling 1972年在尼泊尔的加德满都采集的种子。Schilling以他的女儿Tara的名字为这个品种命名，其含义在尼泊尔语里是星星。种子在英国播种后萌发，随后在露地开花，最初被鉴定为红姜花的一种变型。随后这个品种被送到了英国皇家园艺学会（Royal Horticultural Society，RHS）参展，获得了1978年的年度奖。随后，这个品种逐渐在英国南部的园林中传播，生长十分强健且极度耐寒。随着时间的推移，大家逐渐发现，这个品种不是红姜花的一种变型。这个品种与C. P. Raffill的形态十分接近，而后者的亲本是*H. coccineum*和*H. gardnerianum*。另外，这个品种与*H. gardnerianum*类似，每个苞片也仅有2朵花，且同时开放，而红姜花是每个苞片3～5朵花，次第开放。这个品种具有强烈的香气，这是任何一种红姜花的变型都不具有的特征。以上三点说明Tara很有可能是*H. coccineum*和*H. gardnerianum*的自然杂交后代。

H. ‘White Starburst’

识别要点｜植株高至210厘米。叶舌长约5.5厘米，被毛。叶片长圆形，下面被毛。花序轴长约12厘米；苞片覆瓦状，每苞片约2朵花；花香，白色。侧生退化雄蕊宽约20毫米，雄蕊长于唇瓣，唇瓣喉斑黄绿色，花药长约13毫米。

特点｜植株高大，花大。由Tom Wood育成。

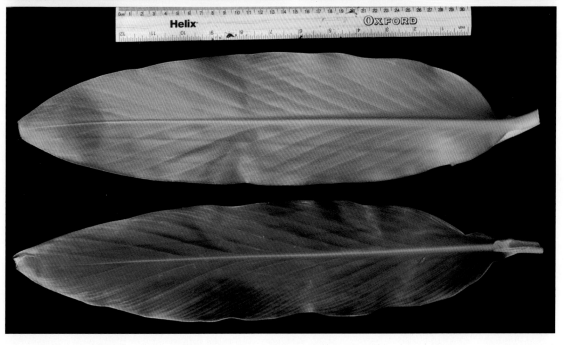

H. 'White Starburst'（左）和 白姜花 H. coronarium（右）

H. 'Yellow Fever'

识别要点 │ 植株高至180厘米。叶舌长约1.8厘米。叶片长圆形。花序轴长约25厘米；每苞片约2朵花。侧生退化雄蕊宽约10毫米，雄蕊长于唇瓣，花药长约12毫米。

特点 │ 植株直立性强，花序长而大，花色艳丽、花量感强，花序显。

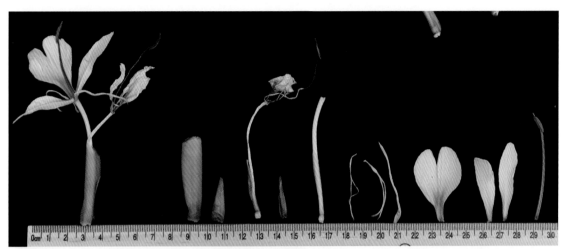

H. 'Yu Bae'

识别要点｜植株高至200厘米。叶片披针形。苞片为疏松的覆瓦状，每苞片约4朵花。侧生退化雄蕊宽约10毫米，雄蕊长于唇瓣，花药长约9毫米。

特点｜植株直立性强，唇瓣喉部斑块大，花色艳丽，花量感强，花序显。

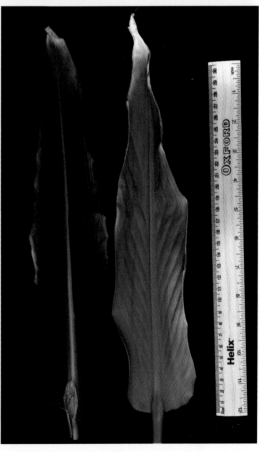

参考文献

戴素贤，1996．姜花茶窨制技术［J］．广东茶业（1）：30–32，28.

高丽霞，2008．姜花属（*Hedychium*）种质创新与分子遗传学研究［D］．广州：中国科学院华南植物园.

何尔扬，2000．白姜花食用及药理实验研究［J］．时珍国医国药，11（12）：1077–1078.

胡秀，郭微，吴福川，等，2015．MaxEnt 生态学模型在野生植物近自然林引种区划中的应用：以红姜花为例［J］．广西植物，35（3）：325–330.

胡秀，吴福川，郭微，2013．基于 MaxEnt 生态学模型的毛姜花潜在园林引种区预测［J］．中国城市林业，11（4）：28–31.

胡秀，熊友华，刘念，等，2010．普洱姜花种子萌发特性及贮藏条件研究［J］．安徽农业科学，38（18）：9496–9497.

胡秀，杨剑文，高丽霞，等，2014．基于 MaxEnt 生态学模型对普洱姜花潜在的园林引种区进行预测［J］．广东园林，36（3）：65–68.

姬兵兵，胡秀，黄嘉琦，等，2018．白姜花化学成分及其生物和药理活性研究进展［J］．仲恺农业工程学院学报，31（3）：64–71.

江苏新医学院，1977．中药大辞典［M］．上海：上海人民出版社.

姜冬梅，朱源，余江南，等，2015．芳樟醇药理作用及制剂研究进展［J］．中国中药杂志，40（18）：3530–3533.

谭火银，胡秀，董明明，等，2019．姜花纯花茶的加工工艺研究［J］．食品研究与开发，40（7）：115–122.

王运生，谢丙炎，万方浩，等，2007．ROC曲线分析在评价入侵物种分布模型中的应用［J］．生物多样性，15（4）：365–372.

熊友华，刘念，黄邦海，2006．姜花属种间杂交育种研究初报［J］．广东农业科学（12）：42–43.

ASHOKAN A，GOWDA V，2018．Describing terminologies and discussing records：more discoveries of facultative vivipary in the genus *Hedychium* J. Koenig (Zingiberaceae) from Northeast India［J］．PhytoKeys（96）：21–34.

BAI L，HU X，HE J H，et al.，2021．New records of *Hedychium hookeri* (Zingiberaceae) from China and Myanmar［J］．Phytotaxa，494（2）：237–243.

BISHT A S，RANA M S S，CHAUHAN R S，2015．Effect of light vs. dark on seed germination of *Hedychium Spicatum* Smith［J］．International Journal of Medicinal Plants and Natural Products，1（1）：29–30.

CHAITHRA B，SATISH S，HEGDE K，et al.，2017．Pharmacological review on *Hedychium coronarium* Koen.：the white ginger lily［J］．International Journal of Pharma and Chemical Research，3（4）：831–836.

DING H B，YANG B，ZHOU S S，et al.，2018．*Hedychium putaoense* (Zingiberaceae), a new species from Putao, Kachin State, Northern Myanmar［J］．PhytoKeys（94）：51–57.

GUPTA S C，KIM J H，PRASAD S，et al.，2010．Regulation of survival, proliferation, invasion, angiogenesis, and metastasis of tumor cells through modulation of inflammatory pathways by nutraceuticals [J]. Cancer and Metastasis Reviews, 29: 405–434.

HANLEY J A, MCNEIL B J, 1982. The meaning and use of the area under a receiver operating characteristic (ROC) curve [J]. Radiology, 143: 29–36.

HIJMANS R J, CAMERON S E, PARRA J L, et al., 2005. A very high-resolution interpolated climate surfaces for global land areas [J]. International Journal of Climatology, 25 (15): 1965–1978.

HU X, HUANG J Q, TAN J C, et al., 2018. *Hedychium viridibracteatum* X. Hu, a new species from Guangxi Autonomous Region, South China [J]. PhytoKeys (110): 69–79.

HU X, LIU N, 2010a. *Hedychium longipetalum* (Zingiberaceae), a new species from Yunnan, China [J]. Annales Botanici Fennici, 47 (3): 237–239.

HU X, LIU N, 2010b. *Hedychium menghaiense* (Zingiberaceae), a new species from Yunnan, China [J]. Journal of Systematics and Evolution, 48 (2): 146–151.

HU X, TAN J C, CHEN J J, et al., 2020. Efficient regeneration of *Hedychium coronarium* through protocorm-like bodies [J]. Agronomy, 10 (8): 1068.

JAIN S K, PRAKASH V, 1995. Zingiberaceae in India: phytogeography and endemism [J]. Rheedea, 5 (2): 154–169.

LIN H W, HSIEH M J, YEH C B, et al., 2018. Coronarin D induces apoptotic cell death through the JNK pathway in human hepatocellular carcinoma [J]. Environmental Toxicology, 33 (9): 946–954.

MOHANTY P, BEHERA S, SWAIN S S, et al., 2013. Micropropagation of *Hedychium coronarium* J. Koenig through rhizome bud [J]. Physiology and Molecular Biology of Plants, 19: 605–610.

PHILLIPS S J, ANDERSON R P, SCHAPIRE R E, 2006. Maximum entropy modeling of species geographic distributions [J]. Ecological Modelling, 190 (3/4): 231–259.

PICHEANSOONTHON C, WONGSUWAN P, 2013. *Hedychium dichotomatum* (Zingiberaceae), a new species from Southern China [J]. Journal of Japanese Botany, 88: 16–20.

SCHUMANN K, 1904. Zingiberaceae [M] //ENGLER A. Das pflanzenreich, Ⅳ (46), heft 20. Leipzig: Wengelmann: 40–59.

SIRIRUGSA P, LARSEN K, 1995. The genus *Hedychium* (Zingiberaceae) in Thailand [J]. Nordic Journal of Botany, 15 (3): 301–304.

WONGSUWAN P, PICHEANSOONTHON C, 2011. Taxonomic revision of the genus *Hedychium* J. Koenig (Zingiberaceae) in Thailand (part Ⅰ) [J]. The Journal of the Royal Institute of Thailand, 3: 126–149.

WU D L, LARSEN K, 2000. Zingiberaceae [M] //WU Z, RAVEN P. Flora of China. Beijing: Science Press: 322–377.

附录1　种的中文名索引

附录2　种的拉丁名索引

附录3　品种中文名索引

附录4　品种英文名索引

致　谢

　　感谢英国爱丁堡皇家植物园的 Mark Newman 教授和英国姜花属国家收藏中心的 Andrew Gaunt 在图片采集中提供的无私支持和帮助！

胡　秀

后　记

　　我们耗费了大量精力和时间完成这本书，但书中仍可能存在谬误，请各位读者批评指正。我的邮箱：**xiuhu0938@qq.com**。

胡　秀